2
1973

WISSENSCHAFTLICH-TECHNISCHE ZEITSCHRIFT FÜR DIE CHEMIEFASER- UND TEXTILINDUSTRIE

BEGRUNDET VON
ERICH CORRENS UND WALTER FRENZEL

HERAUSGEGEBEN VON ERICH CORRENS
WOLFGANG BOBETH – HANS BÖHRINGER – HERMANN KLARE
BURKART PHILIPP – CHRISTIAN RUSCHER

SCHRIFTLEITER J. BRÄMER UND I. RUSCHER

Faserforsch. u. Textiltechnik • 24. Jahrg. • Heft 2 • Seiten 49–94 • Berlin im Februar 1973
FSTXA7 24 (2)49–94 (1973)   Preis: 15,– M • Sonderpreis DDR: 9,– M

DK 541.135–126:678.544.–9:678.546.1–9:541.8.541.132:542.951.3 678.01

Petropavlovskij, G.

Herstellung und Eigenschaften einiger ionogener Celluloseäther und -ester

Faserforsch. u. Textiltechnik **24** (1973) 2, S. 49—57. 14 Abb., 4 Tab., 14 Lit.

Das Polyelektrolytverhalten von Cellulosesulfat als Na-, K- und Ba-Salz sowie von Carboxymethylcellulose als Polysäure wurde untersucht, wobei u. a. konduktometrische, potentiometrische und viskosimetrische Messungen herangezogen wurden. Zusätzlich wurde der Einfluß der Veresterungsbedingungen auf die Eigenschaften des erhaltenen Cellulosesulfats verfolgt und insbesondere deren Substitutionsgrad, Löslichkeit, Substituentenverteilung sowie die DP-Verteilung bestimmt. Aus reaktionskinetischen Messungen bei verschiedenen pH-Werten konnten Rückschlüsse auf die Stabilität der Esterbindung gezogen werden.

DK 547.963.32:541.572.5:541.132.3:541.4.001.572

Bauer, Eckhard, Berg, Hermann, und *Schütz, Holger.*

Ionenstärkeeinfluß auf das Komplexbildungsvermögen der Desoxyribonucleinsäure

Faserforsch. u. Textiltechnik **24** (1973) 2, S. 58—64. 13 Abb., 1 Tab., 16 Lit.

Nach einer einleitenden Beschreibung der wesentlichen Einflüsse der Veränderung der Ionenkonzentration auf die physikochemischen Eigenschaften der Desoxyribonucleinsäure (DNA) werden zwei Modelle behandelt, die die Auswertung von Komplexbildungsuntersuchungen an DNA gestatten. Anhand von Literaturdaten und eigenen Ergebnissen werden die Komplexbildung einfacher Ionen mit DNA und der Einfluß der Ionenstärke auf das Komplexbildungsvermögen der DNA dargestellt.

DK 541.135–126:678.746.6:541.8:532.74:536.7:539.19:541.132

Dolar, Davorin

Thermodynamische Eigenschaften von Polyelektrolytlösungen

Faserforsch. u. Textiltechnik **24** (1973) 2, S. 65—66. 14 Lit.

Autorreferat

DK 678.744.3:541.135–126:54–145.2/.3:541.132:541.135.1:543.287.5

Barabanov, V. P.

Einige Fragen der Elektrochemie nichtwäßriger Lösungen von Polyelektrolyten

Faserforsch. u. Textiltechnik **24** (1973) 2, S. 67—71. 4 Abb., 2 Tab., 13 Lit.

Am Beispiel der Lösungen von carboxylhaltigen Polyelektrolyten wird ein Ionisierungsschema vorgeschlagen, das die Dimerisierung der Carboxylgruppen, die Solvatation, Dissoziation und die Gegenionenassoziation berücksichtigt. Es wird ferner die Möglichkeit zur Berechnung der Gesamtionisierungskonstante aus konduktometrischen Messungen gezeigt.
Es werden die Begriffe für die beiden Ionisierungskonstanten K_T und K* formuliert, von denen jede einen bestimmten Gleichgewichtstyp charakterisiert. Aus Leitfähigkeitsmessungen ist die Berechnung der mittleren Aktivitätskoeffizienten der Gegenionen möglich.

DK 541.135–126:678.742.2:678.746.222–13:678–9:678.011:541.573: 536.764

Gärtner, Klaus, Pohl, Gerhard, Schade, Helga, und *Schröder, Klaus*

Betrachtungen über ionisch modifizierte Polymere als Polyelektrolyte geringer Ladungsdichte

Faserforsch. u. Textiltechnik **24** (1973) 2, S. 72.

Autorreferat

DK 678.744.32/.33:678.745.32:541.135-126:54-145.2:541.8:532.74 541.182.04

Achmedov, K. S.

Neue wasserlösliche Polyelektrolyte

Faserforsch. u. Textiltechnik **24** (1973) 2, S. 73—75. 6 Lit.

Auf Basis polymeranaloger Umwandlungen, der Amidierung und anderer Reaktionen wurden neue wasserlösliche Polyelektrolyte hergestellt, die als Polymere der Serien „K", „PAA", „AKS", „G", „E", „VRP" und „AP" bezeichnet wurden.
Ihre funktionellen Gruppen wurden ermittelt und die physikalisch-chemischen Eigenschaften sowie ihre Wechselwirkung mit verschiedenen dispersen Systemen untersucht.

DK 541.135–126:678.745.6–134.532:[678–13.02:66.095.26]:541.127.1:

Koch, Rainer, Wolf Friedrich, und *Taeger, Eberhard*

Zur Copolymerisation von Natrium-β-chlorvinylsulfonat mit verschiedenen reaktiven Monomeren

Faserforsch. u. Textiltechnik **24** (1973) 2, S. 75.

Autorreferat

DK 541.135–126:678.744.32–9:546.39–38:678.745.2:66.095.26:541.8

Beneš, Milan, J., Holata, Jan, Peška, Jan und *Štamberg, Jiří*

Quaternäre Ammoniummethacrylate: Synthese und Polymerisation

Faserforsch. u. Textiltechnik **24** (1973) 2, S. 76. 3 Lit.

Autorreferat

DK 541.135–126:677.463:547.821.41'361.2:678.862.25:677.021.122.225: 677.014.2/.3

Morin, B. P., Vilkov, V. A., und *Rogovin, Z. A.*

Einfluß von auf Cellulosexanthogenat gepfropften Polyelektrolytketten auf die Eigenschaften der Lösungen und der daraus erhaltenen Fäden

Faserforsch. u. Textiltechnik **24** (1973) 2, S. 77—82. 6 Abb., 2 Tab., 4 Lit.

Es wurden Pfropfcopolymere der Cellulose mit Copolymeren aus 2-Methyl-5-vinylpyridin und Methacrylsäure zur Herstellung von modifiziertem Viskosefaserstoff synthetisiert und der Xanthogenierungsprozeß der Pfropfcopolymerisate der Cellulose sowie die Alkalilöslichkeit der erhaltenen Xanthogenate untersucht. Es konnte gezeigt werden, daß die Löslichkeit der Xanthogenate der Pfropfprodukte durch den Gehalt von Methylvinylpyridin in der gepfropften Kette und durch die Menge der aufgepfropften Polymeren bestimmt ist.

DK 547.458.82:546.171.1–145.2:66.062.85:66.062.855.1:539.388.8:539.21: 541.183.03

Koura, Adel, und *Schleicher, Harry*

Untersuchungen zur Quellung und Lösung von Cellulose in aminhaltigen Flüssigkeitsgemischen

5. Mitt.: Zur Strukturveränderung von Cellulose durch Ammoniaklösungen

Faserforsch. u. Textiltechnik **24** (1973) 2, S. 82—86. 4 Abb., 7 Tab., 15 Lit.

Die durch eine Behandlung von Cellulose mit Ammoniaklösungen verursachten Veränderungen des level-off-DP, des Wasserrückhaltevermögens, der Dampfsorption und der Acetylierbarkeit werden beschrieben. Bei Lösungen von Ammoniak in Wasser, DMSO und Formamid tritt die Strukturveränderung der Cellulose etwa bei einem Verhältnis von 1 mol NH_3 pro mol Lösungsmittel in Erscheinung, während mit Äthanolamin lediglich 0,5 mol NH_3 und mit Morpholin 0,67 mol NH_3 pro mol Lösungsmittel erforderlich sind.

Die Zeitschrift „Faserforschung und Textiltechnik" erscheint monatlich in Heften zu 48 Textseiten im Format A 4. Der Preis für das Einzelheft beträgt M 15,– (Sonderpreis für DDR M 9,–), für den Vierteljahrbezug M 45, (Sonderpreis für DDR M 27,), zuzügl. Bestellgeld. Die Berechnung erfolgt zu Beginn eines Vierteljahrs für 3 Hefte. Bestellungen aus dem Gebiet der Deutschen Demokratischen Republik an ein Postamt, eine Buchhandlung oder den Verlag, aus der Deutschen Bundesrepublik an eine Buchhandlung oder die Auslieferungsstelle Kunst und Wissen, Erich Bieber, 7 Stuttgart 1, Wilhelmstraße 4–6, aus dem Ausland an eine Importbuchhandlung, den Deutschen Buch-Export und -Import GmbH., 701 Leipzig, Postschließfach 276, oder den Akademie-Verlag GmbH., 108 Berlin, Leipziger Str. 3–4 (Fernruf: 220441; Telex-Nr. 0112020; Postscheckkonto 35021) erbeten. Bestellnummer dieses Heftes: 1014/24/2. Alleinige Anzeigenannahme DEWAG-WERBUNG, 1054 Berlin, Wilhelm-Pieck-Str. 49, und alle DEWAG-Betriebe in den Bezirksstädten der DDR. – Bestellungen in der UdSSR nehmen entgegen: Städtische Abteilungen von „SOJUZPECHATJ" bzw. Postämter und Postkontore.

Herausgeber und verantwortlich für den Inhalt: Prof. Dr. Dr. Erich Correns, Institut für Polymerenchemie der Akademie der Wissenschaften der DDR, 153 Teltow-Seehof, Fernruf: Teltow 4831; Prof. Dr.-Ing. habil. Wolfgang Bobeth, Institut für Technologie der Fasern der Akademie der Wissenschaften der DDR, 801 Dresden, Hohe Str. 6, Fernruf: 44721; Prof. Dr.-Ing. Hans Böhringer, Rudolstadt; Prof. Dr. Hermann Klare, Prof. Dr. habil. Burkart Philipp und Dr. habil. Christian Ruscher, Institut für Polymerenchemie der Akademie der Wissenschaften der DDR, 153 Teltow-Seehof, Fernruf: Teltow 4831. Schriftleiter: Joachim Brämer und Dipl.-Chem. Ingeborg Ruscher, 153 Teltow-Seehof, Kantstr. 55. Verlag: Akademie-Verlag GmbH., 108 Berlin, Leipziger Straße 3–4. Satz und Druck: Druckhaus „Maxim Gorki", 74 Altenburg. Veröffentlicht unter der Lizenznummer 1280 des Presseamtes beim Vorsitzenden des Ministerrates der Deutschen Demokratischen Republik.

Faserforschung und Textiltechnik

WISSENSCHAFTLICH-TECHNISCHE ZEITSCHRIFT FÜR DIE CHEMIEFASER- UND TEXTILINDUSTRIE

Band 24 | Februar 1973 | Heft 2

Herstellung und Eigenschaften einiger ionogener Celluloseäther und -ester[1)]

G. Petropavlovskij

Akademie der Wissenschaften der UdSSR, Moskau, Institut für Hochmolekulare Verbindungen in Leningrad

DK 541.135-126:678.544-9:678.546.1-9:541.8:541.132:542.951.3:687.01

Das Polyelektrolytverhalten von Cellulosesulfat als Na-, K- und Ba-Salz sowie von Carboxymethylcellulose als Polysäure wurde untersucht, wobei u. a. konduktometrische, potentiometrische und viskosimetrische Messungen herangezogen wurden. Zusätzlich wurde der Einfluß der Veresterungsbedingungen auf die Eigenschaften des erhaltenen Cellulosesulfats verfolgt und insbesondere dessen Substitutionsgrad, Löslichkeit, Substituentenverteilung sowie die DP-Verteilung bestimmt. Aus reaktionskinetischen Messungen bei verschiedenen pH-Werten konnten Rückschlüsse auf die Stabilität der Esterbindung gezogen werden.

Получение и свойства некоторых ионогенных эфиров целлюлозы

Исследовалось полиэлектролитное поведение сульфата целлюлозы в виде солей натрия, калия и бария, а также карбоксиметилцеллюлозы как поликислоты с применением кондуктометрических, потенциометрических и вискозиметрических измерений. Кроме того изучалось влияние условий этерификации на свойства сульфата целлюлозы и особенно на ее степень замещения, растворимость, распределение заместителей, а также на молекулярно-весовое распределение. Кинетические измерения при различных значениях pH позволяют сделать выводы относительно устойчивости эфирной связи.

Preparation and Properties of Some Ionogenic Cellulose Ethers and Esters

The polyelectrolyte properties of cellulose sulfate as Na, K and Ba salts and of carboxymethyl cellulose as polyacid have been investigated by conductometric, potentiometric and viscosimetric measurements. The effect of esterification conditions on the properties of the cellulose sulfate was estimated, particularly by determining the degree of substitution, solubility, substituent distribution and molecular weight distribution. The results of kinetic measurements at different pH-values allowed to draw conclusions to the stability of the esterlinkage.

Die vorliegende Arbeit ist eine Zusammenfassung einiger in unserem Laboratorium an Cellulosesulfaten und Carboxymethylcellulose ausgeführten Untersuchungen.

Diese Cellulosederivate können als typische Beispiele für Cellulosepolyelektrolyte mit stark oder schwach sauren Gruppen betrachtet werden.

1. *Cellulosesulfate* ($CellOSO_3Na$)

1.1. *Methode zur Herstellung von* $CellOSO_3Na$

Die Cellulose wurde mit einer Mischung an konzentrierter Schwefelsäure und aliphatischen Alkoholen verestert. Wir zeigten bereits [1], daß die Kettenlänge des Alkohols (zwischen C_2 und C_8) und dessen Struktur (n- oder iso-Alkohol) keinen Einfluß auf die Veresterung und den Substitutionsgrad des Produktes haben. Lediglich wenn Methylalkohol benutzt wurde, vergrößerte sich der Substitutionsgrad. Die Reaktionsgeschwindigkeit und der Endsubstitutionsgrad werden durch das molare Verhältnis H_2SO_4/Alkohol (Bild 1) und durch die Temperatur kontrolliert. Wenn das Molverhältnis auf einen Wert oberhalb 3:1 erhöht wird und die Temperatur +10°C übersteigt, dann verliert das Produkt seine faserige Struktur und die Ausbeute sinkt auf Grund einer partiellen Auflösung des Reaktionsproduktes in der Veresterungsmischung.

Um den Reaktionsmechanismus aufzuklären, wurden reine Alkylschwefelsäuren durch Mischen von konzentrierter Schwefelsäure mit den entsprechenden Alkoholen hergestellt und als Komponenten der Veresterungsmischung benutzt. Wie sich zeigte, findet eine Veresterung der Cellulose nur in Methyl- und (in geringerem Ausmaß) in Äthylschwefelsäure statt, während die höheren Alkylschwefelsäuren inaktiv sind. Die in dieser Arbeit beschriebenen Eigenschaften von $CellOSO_3Na$ wurden sämtlich an einem Produkt untersucht, das durch Umsetzung von Cellulose mit einer Mischung aus konzentrierter Schwefelsäure und n-Propanol erhalten wurde. Als Ausgangsmaterial diente Baumwoll-Linters mit einem mittleren Polymerisationsgrad (DPv) von 1300.

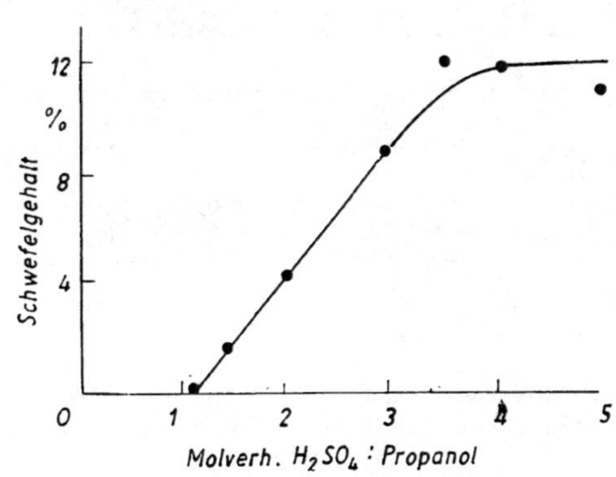

Bild 1. Schwefelgehalt in Na-Cellulosesulfat in Abhängigkeit vom Molverhältnis H_2SO_4: Propanol

1) Vorgetragen auf dem Internationalen Mikrosymposium „Polyelektrolyte" am 8. und 9. Oktober 1972 in Rostock.

1.2. Analytische Charakterisierung des Cellulosesulfates

1.2.1. Löslichkeit

In Abhängigkeit vom Molverhältnis H_2SO_4:ROH in der Veresterungsmischung können entweder alkalilösliche Produkte mit niedrigem DS (der S-Gehalt beträgt 0,5 bis 3%, $\gamma = 3$ bis 15) oder wasserlösliche Produkte (S-Gehalt 3,0 bis 11,0%, $\gamma = 15$ bis 90) erhalten werden.

Die Löslichkeit der Cellulosederivate hängt sowohl vom Polymerisations- und Substitutionsgrad als auch von der Gleichmäßigkeit der Substituentenverteilung ab.

Die Veresterung läßt sich nicht nur durch die zeitliche Änderung des mittleren Substitutionsgrades des Produktes charakterisieren, sondern auch durch die Änderungen im Verhältnis der Fraktionen unterschiedlichen Substitutionsgrades (DS) und unterschiedlicher Löslichkeit in Wasser bzw. in 6%iger Natronlauge (bei Raumtemperatur und beim Gefrieren).

Wir zeigten, daß die Änderung im Verhältnis dieser Fraktionen während der Veresterung die Gleichmäßigkeit der Substitution in der Fasermasse charakterisiert und die Löslichkeitsbereiche in den genannten Lösungsmitteln für die einheitlich substituierten Fraktionen (bei einem DP von gleicher Größenordnung) bestimmt. Bild 2 gibt deutlich diesen Charakter der Veresterung

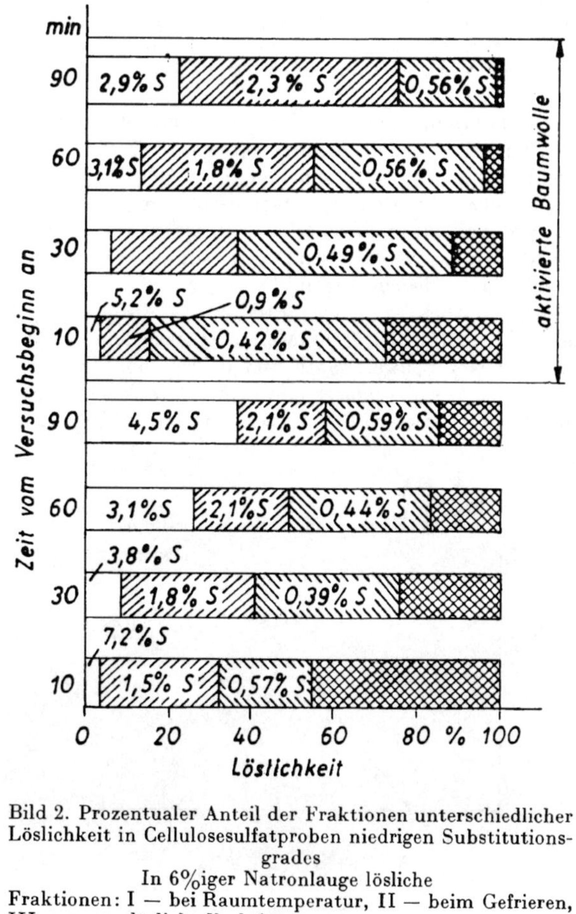

Bild 2. Prozentualer Anteil der Fraktionen unterschiedlicher Löslichkeit in Cellulosesulfatproben niedrigen Substitutionsgrades
In 6%iger Natronlauge lösliche Fraktionen: I — bei Raumtemperatur, II — beim Gefrieren, III — wasserlösliche Fraktion, IV — unveresterter Rückstand
//// I ⧵⧵⧵⧵ II ▭ III XX IV

wieder und bringt die Änderungen in den prozentualen Anteilen der unterschiedlich löslichen und substituierten Fraktionen für 10, 30, 60 und 90 min Veresterungsdauer bei einem Molverhältnis für H_2SO_4:ROH von 1:1,5 und $t = 0\,°C$ zum Ausdruck. Wie die Darstellung zeigt, ist Cellulosesulfat mit niedrigem Substitutionsgrad ungleichmäßig verestert. Das ist auf eine hohe Umsetzungsgeschwindigkeit an der Faseroberfläche unter Bildung löslicher oder stark quellender Produkte zurückzuführen, die die Diffusion des Reagenzes in die kompakten Zonen der Cellulosestruktur behindern.

Wenn die Cellulose mit siedendem Propanol aktiviert wird, verläuft die Umsetzung der Cellulose mit dieser Reaktionsmischung gleichmäßiger. Bild 2 zeigt auch für diesen Fall die Zusammensetzung der unterschiedlich löslichen Cellulosesulfat-Fraktionen mit niedrigem Substitutionsgrad und läßt erkennen, daß die Aktivierung mit siedendem Propanol Produkte mit relativ gleichmäßigerer Substitution liefert.

Wie aus dem Schwefelgehalt in den einzelnen Fraktionen hervorgeht, sind bei einem mittleren DP von 500 bis 600 nur 3 bis 4% S ($\gamma = 15$ bis 20) erforderlich, um gleichmäßig substituiertes Cellulosesulfat in Wasser zu lösen, 1,5 bis 2,3% S ($\gamma = 8$ bis 12), um es bei Raumtemperatur in 6%iger NaOH in Lösung zu bringen, und 0,4 bis 0,5% S ($\gamma = 3$), um es unter Gefrieren darin zu lösen. Praktisch erlaubt diese Veresterungsmethode die Herstellung eines Produktes, das bei einem Schwefelgehalt von 7 bis 11% zu 95 bis 98% wasserlöslich ist.

1.2.2. Bestimmung des Substitutionsgrades und Analyse der Natriumsalze des Cellulosesulfats mittels konduktometrischer Titration

Zur Analyse von verunreinigungsfreien Produkten wurden die IR-Spektroskopie und die S-Bestimmung nach *Schöniger* herangezogen. Die *Schöniger*-Methode kann zur DS-Bestimmung wasser- und alkalilöslicher Cellulosesulfate [1] benutzt werden; in einem Bereich von $\gamma > 5$ ist die spektroskopische Methode die empfindlichste.

In Bild 3 ist das Spektrum eines Natriumsalzes von Cellulosesulfat mit einem Schwefelgehalt von 5,6% dargestellt. Das Spektrum weist eine Bande bei 825 cm^{-1} auf, die der Valenzschwingung der C—O—S-Gruppe zugeordnet wurde. Wir zeigten, daß die Änderung der optischen Dichte dieser Bande proportional der Änderung des Substitutionsgrades ist und zur quantitativen Bestimmung dienen kann. In Bild 4 ist die relative optische Dichte der Bande bei 825 cm^{-1} als Funktion des Substitutionsgrades wiedergegeben.

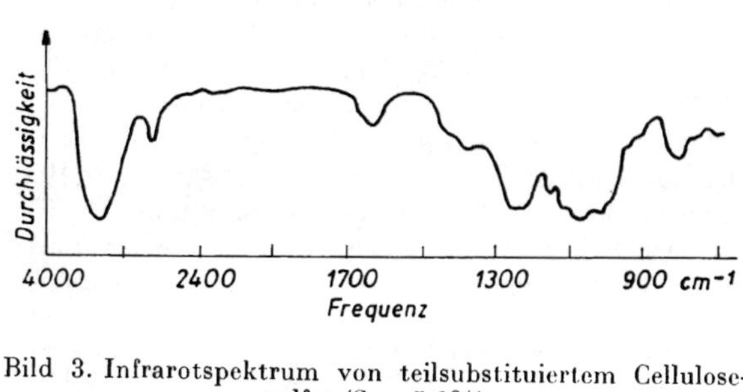

Bild 3. Infrarotspektrum von teilsubstituiertem Cellulosesulfat (S = 5,6%)

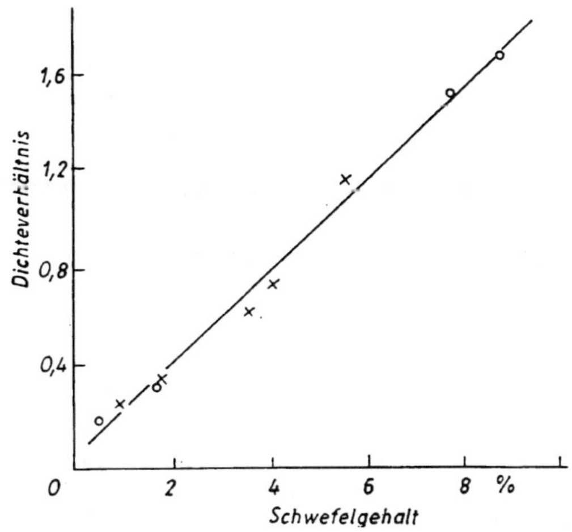

Bild 4. Verhältnis der optischen Dichten D_{825}/D_{1420} als Funktion des S-Gehaltes

Es ist unmöglich, nach dieser Methode Produkte zu analysieren, die Verunreinigungen (besonders Schwefelsäure und deren Salze, die häufig in den auf die angegebenen Weise gewonnenen Cellulosesulfaten vorliegen) enthalten. Deshalb arbeiteten wir eine spezielle Methode zur Analyse dieser Substanzen aus. Sie ist nur für die Analyse von wasserlöslichem Cellulosesulfat geeignet [3].

Diese Methode beruht auf der Möglichkeit eines quantitativen Kationenaustausches am Cellulosesulfat. Für die analytischen Bestimmungen des Substitutionsgrades von $CellOSO_3Na$ wurde die folgende Reaktion genutzt:

$$2\ CellOSO_3Na + Ba(CH_3COO)_2 \rightarrow (CellOSO_3)_2Ba \downarrow + 2\ CH_3COONa. \quad (1)$$

Diese Reaktion verläuft in einer 50%igen wäßrig/alkoholischen Lösung stöchiometrisch. Das Ba-Salz des Cellulosesulfats fällt aus. Außer einer Bestimmung des Substitutionsgrades kann auch eine Identifizierung und quantitative Bestimmung der Verunreinigungen (H_2SO_4, Na_2SO_4) vorgenommen werden. Das ist möglich, weil jede Komponente der Mischung, die als Bariumsalz ausfällt, einen getrennten Ast in der konduktometrischen Titrationskurve liefert (Bild 5). Der Substitutionsgrad des Cellulosesulfats wird aus der Titrationskurve berechnet.

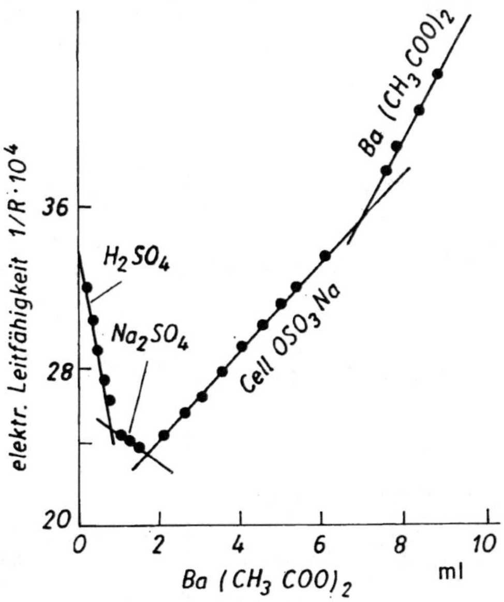

Bild 5. Konduktometrische Titrationskurve einer Mischung von Na-Cellulosesulfat, H_2SO_4 und Na_2SO_4 mit einer Lösung von $Ba(CH_3COOH)_2$

Der Austausch des Na^+ gegen K^+ kann analog zu Reaktion (1) entsprechend

$$CellOSO_3Na + CH_3COOK \rightarrow CellOSO_3K \downarrow + CH_3COONa \quad (2)$$

erfolgen.

Allerdings finden eine Fällung des K-Cellulosesulfates und ein stöchiometrischer Austausch nur statt, wenn die Äthanolkonzentration nicht unter 70% liegt. Die konduktometrische Titrationskurve von $CellOSO_3Na$ mit CH_3COOK-Lösung ist von der gleichen Form wie die mit $Ba(CH_3COO)_2$ erhaltene Kurve. Es wäre zu erwähnen, daß zur Ausfällung von Na-, K- und Ba-Cellulosesulfat aus wäßriger Lösung unterschiedliche Mengen an Alkohol erforderlich sind. Demzufolge kann man diese Salze nach ihrer Solvatisierbarkeit und folglich auch nach ihrer Affinität zum Solvens (Wasser) in nachstehender Reihe anordnen:

$$CellOSO_3Na \rightarrow CellOSO_3K \rightarrow (CellOSO_3)_2Ba.$$

So ist es möglich, die Abtrennung des ausgefällten $CellOSO_3K$ und $(CellOSO_3)_2Ba$ dazu zu nutzen, verschiedene kationische Formen von Cellulosesulfat zu erhalten und den Grad des Ionenaustausches direkt während der Reaktion zu verfolgen.

$(CellOSO_3)_2Ba$ kann auf diese Weise ebenfalls leicht durch seinen Substitutionsgrad charakterisiert werden, indem man mit einem Salz der Schwefelsäure eine konduktometrische Titration entsprechend den Reaktionen (3) und (4) durchführt. Dieses Salz fällt $BaSO_4$[2]) aus, und das entsprechende Cellulosesulfat bleibt in Lösung:

$$(CellOSO_3)_2Ba + Na_2SO_4 \rightarrow 2\ CellOSO_3Na + BaSO_4 \quad (3)$$

$$(CellOSO_3)_2Ba + K_2SO_4 \rightarrow 2\ CellOSO_3K + BaSO_4. \quad (4)$$

Die konduktometrische Titrationskurve, die entsprechend den Reaktionen (2) und (3) verläuft, ist auf Bild 6 dargestellt. Sie weist zwei Knickpunkte auf. Wir stellten fest, daß der zweite Knickpunkt dem Äquivalenzpunkt entspricht, der zur Berechnung des Substitutionsgrades für das $(CellOSO_3)_2Ba$ herangezogen werden kann, während der erste nur dem Austausch von 45% aller Schwefelgruppen entspricht.

Das weist darauf hin, daß sich die ionogenen Gruppen im Cellulosesulfat in wäßriger Lösung unterschiedlich verhalten. Offensichtlich hängt das mit den unterschiedlichen Eigenschaften der an den primären und sekundären Hydroxylgruppen der Cellulose gebundenen Estergruppen zusammen. Der Unterschied zwischen diesen Gruppen wird auch durch ihr kinetisches Verhalten bei der Esterspaltung bestätigt, wie unten noch ausgeführt wird. Im Falle der Titration von $CellOSO_3Na$ mit einer Lösung von Bariumacetat entsprechend Reaktion (1) weist die Titrationskurve keinen Knick-

[2]) Um die Ausfällung des $BaSO_4$ zu verbessern, sollte die Titration in Gegenwart von 30% Äthanol durchgeführt werden.

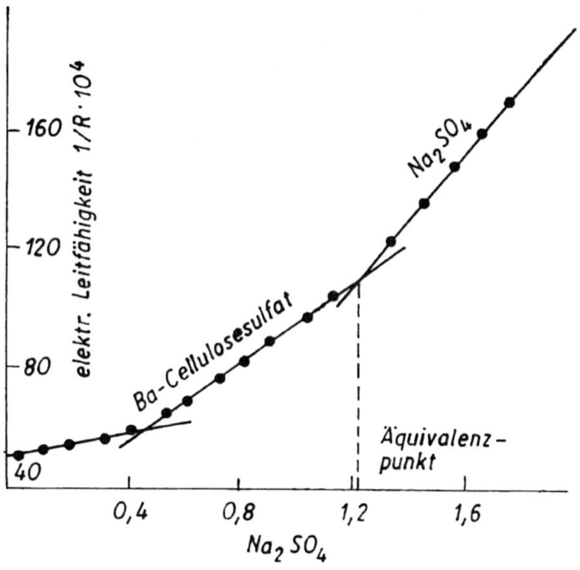

Bild 6. Konduktometrische Titrationskurve von Ba-Cellulosesulfat mit einer Na_2SO_4-Lösung

punkt auf, da Ba-Cellulosesulfat ausgefällt wird. Hier kann keine getrennte Ausfällung von Spezies mit Substituenten nur an den primären oder an den sekundären Hydroxylgruppen auftreten.

1.3. Fraktionierung und Bestimmung der rel. Molekülmasse

Die Polyelektrolytnatur des Natriumcellulosesulfats verursacht beträchtliche Schwierigkeiten bei dessen Fraktionierung: Die üblichen Methoden der fraktionierten Fällung oder Lösung sind in diesem Fall nicht geeignet. Wie spezielle Versuche ergaben, ist auch eine Fraktionierung des Na-Cellulosesulfats durch Änderung der Zusammensetzung des Löser/Nichtlöser-Gemisches, durch Änderung des Temperaturgradienten oder durch Zusatz eines niedermolekularen Elektrolyten nur von geringer Wirkung.

Deshalb wurde für wasserlösliches Natriumcellulosesulfat eine spezielle Methode herangezogen, die auf dem Molekularsiebprinzip beruhte. Mit anderen Worten, es wurde ein Porensystem mit einem weiten Bereich von Poren benutzt, in denen die Makromoleküle entsprechend ihrer Größe verteilt werden. Als „Sieb" wurde Chromatographiepapier verwendet. Diese Methode ist bereits im Detail beschrieben worden [4]. Sie besteht in der Imprägnierung eines speziell hergestellten Chromatographiepapiers mit einer 2%igen wäßrigen Lösung von $CellOSO_3Na$ und nachfolgender Elution des Polymeren mittels Alkohol/Wasser-Gemischen mit unterschiedlichem Verhältnis der Komponenten.

Auf diese Weise erhielten wir zehn Fraktionen, für die wir die Grenzviskosität in 1%iger NaCl-Lösung und den Schwefelgehalt bestimmten. Die Verteilung des $CellOSO_3Na$ nach dem Polymerisationsgrad (P_v) ist in Bild 7 dargestellt. Wie daraus zu ersehen ist, weist das mit dieser Veresterungsmischung erhaltene Natriumcellulosesulfat eine breite Verteilungskurve der rel. Molekülmasse auf. Es erfolgt keine Fraktionierung nach dem Substitutionsgrad.

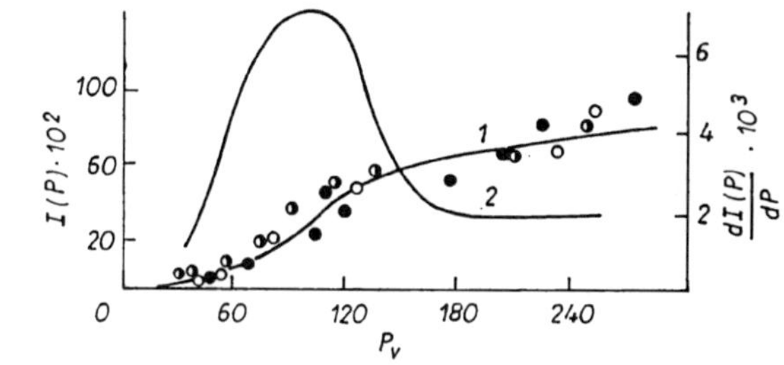

Bild 7. Integrale (1) und differentiale (2) Verteilungskurven des Polymerisationsgrades von Na-Cellulosesulfat

Die rel. Molekülmasse des Cellulosesulfats bestimmten wir nach verschiedenen Methoden: Durch Sedimentation in der Ultrazentrifuge, durch Lichtstreuung usw. Die Werte von M_z wurden nach der Gleichung von *Flory/Mandelkern* aus der Grenzviskosität der Fraktionen und der Sedimentationskonstante ihrer Lösungen berechnet. Die Werte für K und a wurden analytisch aus der Abhängigkeit $\log [\eta] = f(\log M_z)$ gefunden und betrugen $2{,}1 \cdot 10^{-3}$ bzw. 0,64. Auf dieser Basis ermittelten wir das Viskositätsmittel der rel. Molekülmasse von Na-Cellulosesulfat aus der Gleichung

$[\eta] = 2{,}1 \cdot 10^{-3}\, M_v^{0{,}64}$ mit $[\eta]$, ausgedrückt in g/100 ml.

Die Ergebnisse der Bestimmung der rel. Molekülmasse an einer unfraktionierten Probe ($[\eta] = 3{,}0$; $S = 7{,}3\%$) nach verschiedenen Methoden sind in Tabelle 1 angegeben. Diese Daten stimmen gut mit der Beziehung

$$M_z > M_v > M_{ww} > M_n$$

überein.

Das zeigt, daß die *Kuhn/Mark/Houwink*-Gleichung mit den angegebenen Konstanten für die Bestimmung der rel. Molekülmasse von Natriumcellulosesulfat in diesem DP- und DS-Bereich ($\gamma = 40$ bis 50) geeignet ist. Wie die Ergebnisse der Fraktionierung und der Bestimmung der rel. Molekülmasse erkennen lassen, ist die Verteilung der rel. Molekülmasse in dem nach dieser Methode erhaltenen Natriumcellulosesulfat praktisch gleich der wahrscheinlichsten Verteilung, die im Falle der heterogenen Säurehydrolyse von Baumwolle gefunden wird ($M_w : M_n = 2$).

Den Polymerisationsgrad der alkalischen Cellulosesulfate mit niedrigem Substitutionsgrad bestimmten wir viskosimetrisch nach zwei Methoden, die in einer früheren Mitteilung [2] ausführlich beschrieben sind:

Tabelle 1. Bestimmung der rel. Molekülmasse von Na-Cellulosesulfat nach verschiedenen Methoden

Methode	rel. Molekülmasse	DP
M_w (Lichtstreuung)	~100000	475
M_z (Sedimentation und Viskosität)	91600	435
M_v (Viskosität unter Verwendung der experimentellen Werte für K und a)	70250	330
M_{ww} (Sedimentation und Diffusion)	66500	316
M_n (Endgruppen)	39000	185

1. Aus der Viskosität der Lösung des aus dem Cellulosesulfat erhaltenen Cellulosenitrats in Aceton nach der Gleichung von *Treiber*; 2. Aus der Viskosität der alkalischen Natriumcellulosesulfatlösung unter Verwendung der bekannten, auf Celluloseester mit niedrigem Substitutionsgrad angewendeten *Staudinger*-Beziehung.

Im allgemeinen lag der DP der nach dieser Methode erhaltenen alkalilöslichen Cellulosesulfate mit niedrigem Substitutionsgrad bei 500 bis 600.

1.4. Eigenschaften der Cellulosesulfate

1.4.1. Viskosität verdünnter wäßriger Lösungen von Na-Cellulosesulfat und anderer kationischer Formen des Cellulosesulfats

Wasserlösliches $CellOSO_3Na$ ($\gamma = 45$) verhält sich in wäßriger Lösung wie ein typischer Polyelektrolyt. Bild 8 gibt die Abhängigkeit η_{spez}/c als $f(c)$ für reine wäßrige Lösungen und in Gegenwart eines Elektrolytzusatzes (NaCl) wieder. Bild 9, auf dem $[\eta]$ in Abhängigkeit von der Ionenstärke μ der Lösung dargestellt ist, zeigt, daß bei $\mu = 0{,}2$ der Polyelektrolyteffekt praktisch unterdrückt ist. Der Typ des zusätzlichen Gegenions beeinflußte den Grenzviskositätswert des Natriumcellulosesulfats. Wie unten noch ausgeführt wird, stellten wir außerdem fest, daß die Abschirmung der Ladung längs der Kette um so geringer und die Grenzviskosität des Polyelektrolyten um so höher ist, je kleiner der Radius des „trockenen", zusätzlichen Gegenions (und folglich, je größer die Hydratationszahl und der Radius der Ionensphäre) ist (Tabelle 2). Diese Ergebnisse stimmen mit der früher mitgeteilten [5, 6] Feststellung überein, daß die Größe des zusätzlichen Gegenions die Viskosität eines anderen Polyelektrolyten, nämlich der Polymethacrylsäure, beeinflußte. Der aus Viskositätsmessungen bei 25, 35 und 45 °C bestimmte Temperaturkoeffizient der Grenzviskosität von $CellOSO_3Na$ betrug 6 bis 7%; das ist ein auch für andere Cellulosederivate mit steifer Kette [7] charakteristischer Wert.

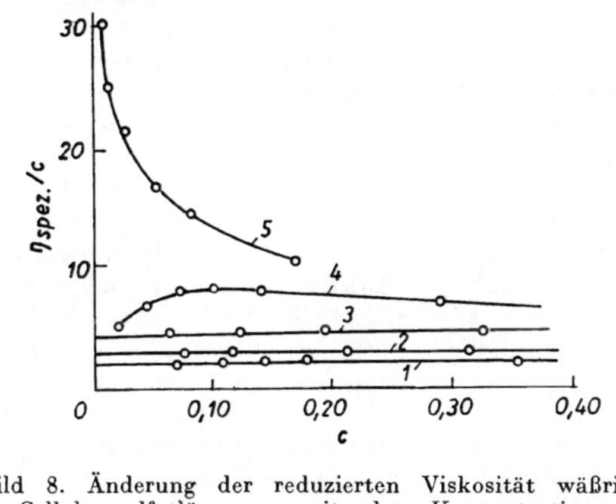

Bild 8. Änderung der reduzierten Viskosität wäßriger Na-Cellulosesulfatlösungen mit der Konzentration bei unterschiedlicher Ionenstärke
1 — $\mu = 1{,}5$; 2 — $\mu = 0{,}2$; 3 — $\mu = 0{,}03$; 4 — $\mu = 0{,}002$; 5 — reines Wasser

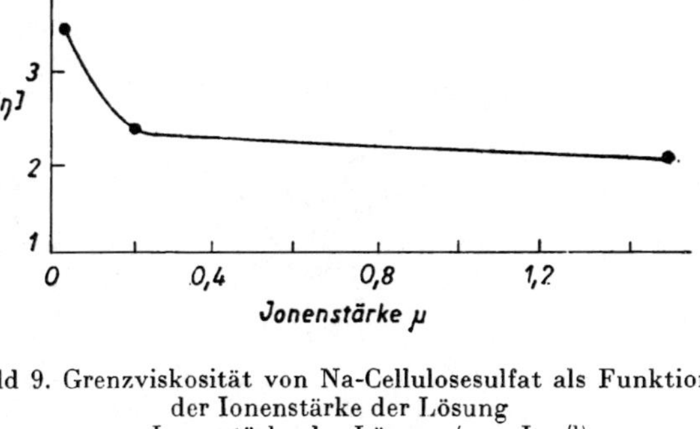

Bild 9. Grenzviskosität von Na-Cellulosesulfat als Funktion der Ionenstärke der Lösung
μ — Ionenstärke der Lösung (g — Ion/l)

Tabelle 2. Grenzviskosität von Natriumcellulosesulfat in Gegenwart verschiedener Gegenionen ($\mu = 0{,}2$)

Zusätzlicher Elektrolyt	$[\eta]$
HCl	2,6
NaCl	2,4
KCl	2,0
$BaCl_2$	1,9

Wie wir bereits darlegten, werden die Cellulosesulfate je nach Kation in unterschiedlichem Maße solvatisiert. Da die Na-, K- und Ba-Salze einen unterschiedlichen Solvatationsgrad und folglich eine unterschiedliche Dissoziation in Wasser aufweisen, ist die Viskosität ihrer verdünnten, wäßrigen Lösungen verschieden. Um die verschiedenen kationischen Formen der Cellulosesulfate miteinander zu vergleichen, sollten diese Salze in ihrem Substitutionsgrad, ihrem Polymerisationsgrad und in der Verteilung der rel. Molekülmasse identisch sein, da jeder dieser Parameter das Viskositätsverhalten dieser Produkte beeinflussen kann. Folgende Methode wurde angewendet, um entsprechende Cellulosesulfate mit identischen Parametern zu erhalten. Zunächst wurde aus $CellOSO_3Na$ nach Reaktion (1) Bariumcellulosesulfast hergestellt. Dann wurde daraus nach Reaktion (3) und (4) das Na- und K-Cellulosesulfat gewonnen. Das dabei ausgefällte $BaSO_4$ wurde quantitativ abgetrennt und das in Lösung gebliebene Polymere durch Abdestillieren[3]) des Lösungsmittels unter Vakuum bei 30 °C isoliert.

Die Viskosität dieser Salze wurde in reinem Wasser und in Gegenwart von zusätzlichen niedermolekularen Elektrolyten bei $\mu = 0{,}2$ gemessen. Oben zeigten wir, daß andersartige zusätzliche Gegenionen den $[\eta]$-Wert des $CellOSO_3Na$ unterschiedlich beeinflußten. Daher war es ratsam, als zusätzliche niedermolekulare Elektrolyte solche zu verwenden, die das gleiche Kation wie das Cellulosesulfat enthielten.

Wie aus den Daten der Tabelle 3 zu ersehen ist, unterscheiden sich die Grenzviskositäten dieser kationischen Formen des Cellulosesulfats, obwohl die Differenzen bei der Ionenstärke der Lösung von $\mu = 0{,}2$ nicht groß sind. Da in diesem Falle die Dissoziation praktisch

[3]) Diese Methode schließt eine Probenfraktionierung aus.

Tabelle 3. Grenzviskosität wäßriger Cellulosesulfatlösungen in Gegenwart von zusätzlichen Elektrolyten

Cellulosesulfat	zusätzlicher Elektrolyt	$[\eta]$
Na-Cellulosesulfat	NaCl	2,4
K-Cellulosesulfat	KCl	2,2
Ba-Cellulosesulfat	$BaCl_2$	1,8

Tabelle 4. Reduzierte Viskosität von Cellulosesulfaten verschiedener kationischer Form in Wasser[4])

Cellulosesulfat	Konzentration g/100 ml	$\eta_{spez.}/c$
Na-Cellulosesulfat	0,01	22,8
K-Cellulosesulfat	0,01	18,8
Ba-Cellulosesulfat	0,01	10,7

[4]) Die Kurvenverläufe für $\eta_{spez.}/c$ gegen c sind in all diesen Fällen gleich.

unterdrückt ist, wird der Unterschied in der Grenzviskosität nur durch die unterschiedliche Solvatation dieser Salze bestimmt. Nach der gemessenen Grenzviskosität können sie in einer fallenden Reihe angeordnet werden:

Na-Cellulosesulfat → K-Cellulosesulfat → Ba-Cellulosesulfat,

die mit der oben beim Kationenaustausch in der Lösung erhaltenen Reihe übereinstimmt.

Bekanntlich führt die Dissoziation der Polyelektrolyte zum Auftreten von Ladungen gleichen Vorzeichens in der Polymerkette. Ihre gegenseitige Abstoßung ruft eine Aufweitung des makromolekularen Knäuels (Polyelektrolyt-„Quellung") und damit eine Viskositätszunahme der Polyelektrolytlösung hervor [8]. Folglich ist die unterschiedliche Dissoziation der Cellulosesulfate verantwortlich für deren unterschiedliche Viskosität in Wasser (s. Tabelle 4). Diese Ergebnisse stimmen mit den veröffentlichten Viskositätsdaten für die verschiedenen kationischen Formen von anderen Polyelektrolytsalzen, nämlich von Sulfodextran [9] und von Polymethacrylsäure [10, 17] überein.

Das beobachtete Viskositätsverhalten der Cellulosesulfate in wäßriger Lösung versetzt uns in die Lage, verbindliche Schlußfolgerungen bezüglich ihrer Wechselwirkung mit dem Lösungsmittel (Wasser) und damit ihrer Löslichkeit zu ziehen. Das ist sehr wichtig, weil die Angaben über die Löslichkeit von K-Cellulosesulfat und Ba-Cellulosesulfat in Wasser sehr widersprüchlich sind. Einige Autoren betrachten diese Salze als unlöslich, andere als löslich.

Unsere Ergebnisse sprechen dafür, daß bei einem bestimmten Grad der Unterdrückung der Dissoziation (z. B. durch Zugabe zusätzlicher Gegenionen zur Lösung) keine Auflösung stattfindet und gelöstes K-Cellulosesulfat und Ba-Cellulosesulfat aus der Lösung ausgefällt werden, während Na-Cellulosesulfat unter den gleichen Bedingungen noch löslich bleibt.

1.4.2. Hydrolysenbeständigkeit der Esterbindung im Na-Cellulosesulfat

Der Prozeß der hydrolytischen Spaltung der Esterbindung durch H^+- bzw. OH^--Ionenkatalyse (bei gleicher Konzentration in der Lösung von 0,01 g-Ion/l) wurde quantitativ mittels der oben erwähnten konduktometrischen Titration anhand der Anreicherung der abgespaltenen SO_4^{--}-Ionen in der Lösung untersucht [12]. Die Probe enthielt 7,3% S, und ihr $[\eta]$-Wert in 1% NaCl-Lösung war 3,0.

In einer Lösung von pH = 7 wurde nach 100 h bei 100 °C kein freies SO_4^{--} gefunden und der gesamte Schwefel bei der Titration als Polyanion $CellOSO_3^-$

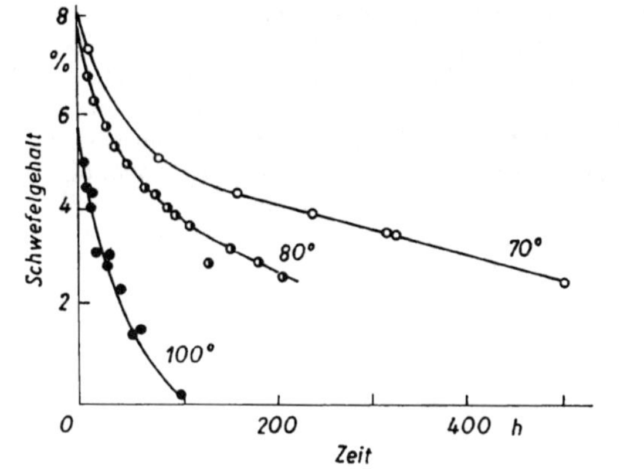

Bild 10. Änderung des Schwefelgehaltes von Na-Cellulosesulfat mit der Reaktionszeit bei pH = 2

bestimmt. Unter den gleichen Bedingungen, aber bei pH = 12, wurden erst 10% der Gruppen abgespalten.

Es war zu erwarten, daß die H_3O^+-Ionen eine starke katalytische Wirkung auf die hydrolytische Spaltung der Esterbindung ausüben würden. Wir verfolgten diesen Prozeß bei 70, 80 und 100 °C bei einem pH-Wert von 2 kinetisch (Bild 10).

Die Änderungen im Schwefelgehalt des Na-Cellulosesulfats mit der Reaktionszeit (aus der Anreicherung der Zersetzungsprodukte) wurden benutzt, um die Hydrolysengeschwindigkeitskonstante der Esterbindung aus der Geschwindigkeitsgleichung erster Ordnung für eine pseudomonomolekulare Reaktion zu berechnen.

Die kinetische Auswertung zeigte, daß der K-Wert in den verschiedenen Zeitintervallen im Verlauf des Prozesses nicht konstant ist: zu Beginn nahm er ab, um dann von einem bestimmten Zeitpunkt an konstant zu bleiben, wie aus Bild 11 zu ersehen ist. Aus diesem Bild ist zu ersehen, daß K bei einem bestimmten Grad der Esterspaltung konstant wird. Dieser Spaltungsgrad ist in allen drei Fällen etwa der gleiche und beträgt etwa 40% des Anfangsschwefelgehaltes. Daraus kann geschlossen werden, daß das Ausgangscellulosesulfat in energetischer Hinsicht ungleiche Esterbindungen enthält, die mit deutlich unterschiedlicher Geschwindigkeit gespalten werden. Selbstverständlich hängt die Zersetzungsgeschwindigkeit von der Temperatur ab. Jedoch ist offensichtlich, daß nach Erreichen eines bestimmten Zersetzungsgrades nur noch einer dieser Bindungstypen vorliegt und den K-Wert bei dieser Temperatur bestimmt. Hierbei handelt es sich um die Geschwindig-

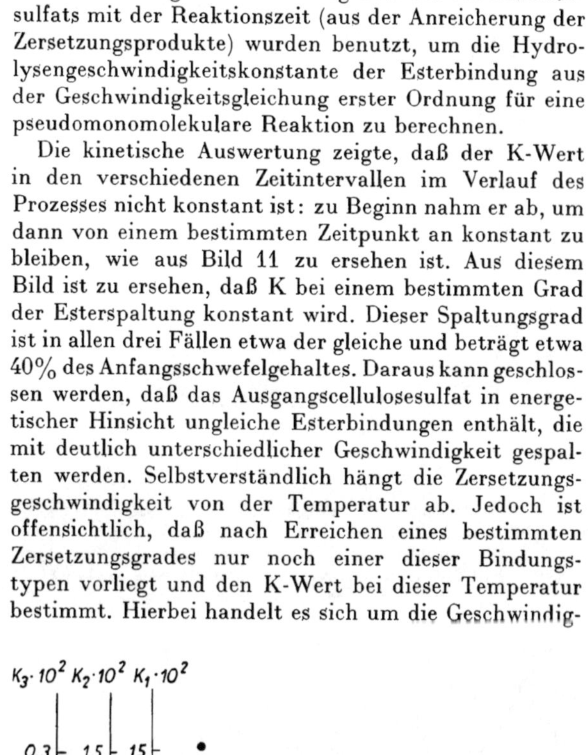

Bild 11. Änderung der Geschwindigkeitskonstante K während der Hydrolyse von Na-Cellulosesulfat bei pH = 2
K_1 bei 100 °C; K_2 bei 80 °C; K_3 bei 70 °C

keitskonstante der Esterspaltung für den stabilsten Typ der Bindung. Auf Basis dieser Geschwindigkeitskonstanten ermittelten wir nach der *Arrhenius*-Gleichung die Aktivierungsenergie zu 23600 cal/mol. Unsere Annahme einer Ungleichwertigkeit der Esterbindungen im Cellulosesulfat wird durch die Ergebnisse anderer Autoren bestätigt, die die Kinetik der Esterbindungsspaltung in Sulfaten von Monosacchariden und einigen Polysacchariden untersuchten [13, 14]. Es wurde gezeigt, daß die Stellung der Sulfogruppe (am C_6, C_2 oder C_3) und die Konfiguration der Estergruppierung (äquatoriale oder axiale Position der Substituenten) die Stabilität der Esterbindung bestimmt. Man fand, daß die C_6-Bindung stabiler ist, als die C_2- oder C_3-Bindung. Wenn nur ein Typ von Bindungen vorliegt, so wird die gesamte Reaktion durch eine kinetische Gleichung erster Ordnung beschrieben.

Wenn sowohl die primären als auch die sekundären Hydroxylgruppen substituiert sind, so ist K während eines bestimmten Teils der Reaktion inkonstant. All diese Umstände führen uns zu der Schlußfolgerung, daß 1. in dem nach dieser Methode erhaltenen Cellulosesulfat die Sulfogruppen sowohl an den primären als auch an den sekundären Hydroxylgruppen sitzen, und 2. die Gruppen, die gegenüber der hydrolytischen Spaltung am stabilsten sind und nicht weniger als 60% der Estergruppen ausmachen, am C_6 fixiert sind. Das wird auch durch das oben erwähnte unterschiedliche Verhalten der Sulfogruppen bei der Titration des Ba-Cellulosesulfats bestätigt.

2. Carboxymethylcellulose

Carboxymethylcellulose ist ein Celluloseäther und wird direkt als Natriumsalz erhalten. Unsere Untersuchungen befaßten sich mit der freien Säure (H—CMC), die in wäßriger Lösung durch Ionenaustausch an dem Austauschharz KU-2 gewonnen wurde. Der Substitutionsgrad der H—CMC lag bei 70, der Polymerisationsgrad (DPv) betrug 600.

2.1. Konduktometrische Titration

In Bild 12 sind die Kurven der konduktometrischen Titration von wäßrigen und wäßrig/alkoholischen Lösungen von H—CMC mit 0,1 n NaOH dargestellt. Die Kurven bestehen deutlich aus drei Abschnitten: Der erste Abschnitt entspricht einer Abnahme der Elektroleitfähigkeit der Lösung. Das ist darauf zurückzuführen, daß die CMC in der Lösung in Form von Molekülen (RCOOH) und von Ionen ($RCOO^-$ und H^+) vorliegt. Im Verlauf der Titration reagieren die sehr beweglichen H^+-Ionen (($\lambda = 350$) mit den Hydroxylionen (OH^-) des Alkalis und bilden Wasser, das im wesentlichen undissoziiert ist, so daß die elektrische Leitfähigkeit herabgesetzt wird. Anschließend steigt die elektrische Leitfähigkeit auf Grund der Bildung eines dissoziierenden Natriumsalzes an (zweiter Abschnitt in der Titrationskurve). Nachdem der Äquivalenzpunkt erreicht ist, steigt die Leitfähigkeit steil an, weil OH^-- ($\lambda = 200$) und Na^+-Ionen zugesetzt werden. In diesem Sinne ist die Titration der polymeren CMC ähnlich der der niedermolekularen Essigsäure.

Bild 12 zeigt, daß der Zusatz von Alkohol zur Ausgangs-H-CMC-Lösung den ersten Abschnitt der Kurve

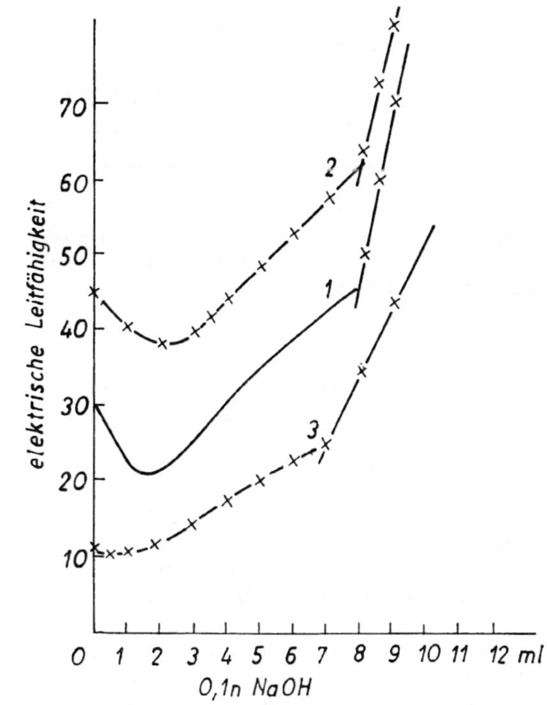

Bild 12. Konduktometrische Titration von H—CMC mit 0,1 n NaOH
1 — wäßrige Lösung; 2 — 30% Alkohol; 3 — 50% Alkohol

verringert. Wie daraus gefolgert werden kann, ist in diesen Lösungen die H-CMC in einem geringeren Maße dissoziiert. Es sei erwähnt, daß der zweite Abschnitt der Kurve in der Nähe des Äquivalenzpunktes eine Krümmung aufweist. Hier steigt die Leitfähigkeit nicht proportional zur Konzentration des gebildeten Salzes.

Das kann darauf zurückzuführen sein, daß zur Ionisation jeder einzelnen Gruppe des Polyelektrolytmoleküls wegen deren elektrostatischer Wechselwirkung

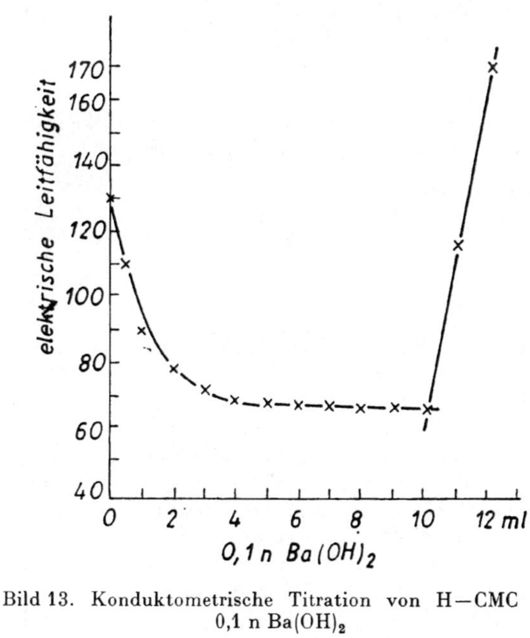

Bild 13. Konduktometrische Titration von H—CMC mit 0,1 n $Ba(OH)_2$

mit den anderen ionisierten Gruppen des Moleküls eine zusätzliche Arbeit geleistet wird. Die Größe dieser Arbeit hängt von der Zahl der Gruppen ab, die bereits dissoziiert sind. Die Ionisierung des Makromoleküls führt zu einer Änderung seiner Gestalt (s. u.). Dieser Effekt ist für H-CMC in einer Wasser/Alkohol-Mischung weniger ausgeprägt.

Die Kurve für die Leitfähigkeitsänderung der H-CMC-Lösung im Verlauf einer Titration mit 0,1 n $Ba(OH)_2$ ist völlig anders. Sie ist in Bild 13 dargestellt. Die Reaktion kann durch eine der folgenden Gleichungen beschrieben werden:

$$\mathrm{Cell(OCH_2COOH)_2 + Ba(OH)_2 \rightarrow Cell(OCH_2COO)_2Ba + 2\,H_2O} \quad \text{oder}$$

$$\mathrm{2\,CellOCH_2COOH + Ba(OH)_2 \rightarrow (CellOCH_2COO)_2Ba + H_2O,}$$

worin Cell entweder das gleiche Cellulosemolekül oder zwei verschiedene Cellulosemoleküle darstellt.

In sehr verdünnten Lösungen ist die erste Reaktion, die zu keiner starken Zunahme der rel. Molekülmasse der CMC führt, wahrscheinlicher. Demzufolge wird in verdünnten Lösungen das bei der Titration gebildete Ba-CMC nicht ausgefällt. Jedoch ist der Dissoziationgrad des Salzes sehr niedrig. Nach Bindung der freien H^+-Ionen der Säure steigt die elektrische Leitfähigkeit der Lösung nicht wie im Fall der Titration mit Natronlauge an, sondern bleibt bis zum Äquivalenzpunkt praktisch konstant, da im Verlauf der Neutralisation infolge der Verschiebung des Dissoziationsgleichgewichtes der COOH-Gruppen der H-CMC eine äquivalente Menge H^+-Ionen gebildet wird.

Die sauren Eigenschaften der H-CMC können nach einer halbempirischen Methode unter Heranziehung der Ergebnisse der potentiometrischen Titration ihrer wäßrigen Lösungen abgeschätzt werden. Es ist bekannt, daß der Zusammenhang zwischen dem pH-Wert der Lösung und dem Dissoziationsgrad der funktionellen Gruppen an einem Ionenaustauscher in den Koordinaten $\mathrm{pH} - \lg\,[(1-\alpha)/\alpha]$ durch eine Gerade beschrieben wird. So gilt $\mathrm{pH} = \overline{\mathrm{pK}} - n \cdot \lg\,[(1-\alpha)/\alpha]$, worin $\overline{\mathrm{pK}}$ die mittlere scheinbare Acidität ist und n und α Konstanten sind. Für $\alpha = 0{,}5$ ist pK gleich dem pH-Wert der Lösung.

H-CMC weist bei verschiedenen Ionenstärken der Lösung die folgenden $pK_{\alpha=0,5}$-Werte auf:

NaCl-Konzentration	$pK_{\alpha=0,5}$
0	4,30
0,05	3,85
0,1	3,80
0,2	3,50

Lengte und *Mendel* zeigten, daß für Polymethacrylsäure die Beziehung zwischen dem pH-Wert der Lösung und $\lg\,[(1-\alpha)/\alpha]$ bis zu $\alpha = 0{,}2$ durch eine Gerade beschrieben wird und dann in einem Bereich bis $\alpha = 0{,}3$ ein Knick auftritt. Danach ist die Funktion wieder linear, jedoch mit anderer Neigung. Das wird im allgemeinen mit einer Änderung der Gestalt des Makromoleküls der Polymethacrylsäure mit zunehmendem Dissoziationsgrad der funktionellen Gruppen erklärt. Im Bereich zwischen $\alpha = 0{,}2$ und $\alpha = 0{,}3$ bewirkt ein kooperativer Prozeß den Übergang vom statistisch geknäuelten Makromolekül (Form I) in eine gestreckte Gestalt (Form II).

Matison und *MacLaughen* beobachteten ähnliche Konformationsänderungen an Makromolekülen von Polyacrylsäure (obwohl ihre Beobachtungen nicht von anderen Autoren bestätigt wurden). Die Konformationsübergänge wurden am deutlichsten festgestellt, wenn die Ergebnisse der potentiometrischen Titration durch die Funktion

$$\mathrm{pH} + \lg \frac{1-\alpha}{\alpha} = f(\alpha)$$

ausgedrückt wurden.

Eine entsprechende Auswertung der Ergebnisse der potentiometrischen Titration von H-CMC-Lösungen in reinem Wasser und in Wasser bei Zugabe eines zusätzlichen Elektrolyten — NaCl (0,5 n) zeigten, daß die Kurve praktisch linear ist. Charakteristische Übergangsbereiche entsprechend den kooperativen Übergängen wurden nicht beobachtet. Nach diesen Titrationsergebnissen lassen sich im Gegensatz zu den oben erwähnten Polymeren keine kooperativen Umwandlungen des CMC-Moleküls im Bereich zwischen $\alpha = 0{,}2$ und $0{,}5$ feststellen. Wahrscheinlich ist das auf das Vorliegen von Wasserstoffbrückenbindungen in dem CMC-Molekül (das außer den Carboxylgruppen eine große Zahl von Hydroxylgruppen enthält) zurückzuführen, die eine bestimmte Konformation des Makromoleküls stabilisieren. Die Daten zeigen, daß die Säurestärke des H-CMC in wäßriger Lösung die von Essigsäure übersteigt.

2.2. *Viskosität konzentrierter wäßriger Lösungen von H—CME*

Wenn die Na^+-Ionen in CMC durch H^+-Ionen ersetzt werden, erhöht sich die Viskosität ihrer wäßrigen Lösungen stark. In diesem Fall ist die Viskositätserhöhung $\Delta\eta = \eta_{\mathrm{H\text{-}CME}} - \eta_{\mathrm{Na\text{-}CME}}$ um so größer, je höher die Konzentration der Lösung ist. Das zeigt Bild 14. Es ist bekannt, daß mit zunehmender Konzentration der Polymerlösung auch die Zahl und Größe der Assoziate wächst. Im allgemeinen führt das zu einer Zunahme der Viskosität, die bei hoher rel. Molekülmasse besonders ausgeprägt ist. Hier, wie auch im Falle niedermolekularer Carbonsäuren, können die Moleküle auch infolge einer spezifischen Wechselwirkung unter Ausbildung von Wasserstoffbrückenbindungen zwischen den Carboxylgruppen der H-CMC assoziieren:

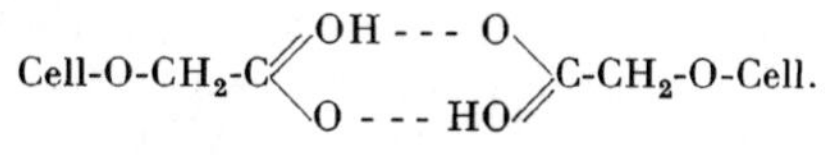

Für niedermolekulare Säuren führt diese Wechselwirkung zur Bildung von Assoziaten relativ niedriger rel. Molekülmasse (z. B. Dimeren der Essigsäure). Im Gegensatz dazu tritt bei hochmolekularen Substanzen eine Art Vernetzung der langen Kettenmoleküle auf. Das ist gleichbedeutend mit einer starken Erhöhung der rel. Molekülmasse, und wenn die Konzentration eine bestimmte Grenze erreicht, dann geliert die Lösung.

In Übereinstimmung mit diesen Ergebnissen weist auch die Temperaturabhängigkeit der Viskosität von H-CMC-Lösungen einige Besonderheiten auf. Die Viskositätsänderungen mit Erhöhung der Temperatur sind für Lösungen mit Konzentrationen bis 1,5% von anderer Art, als für Lösungen mit Konzentrationen von 2% und darüber. Die Viskosität der verdünnteren Lösungen

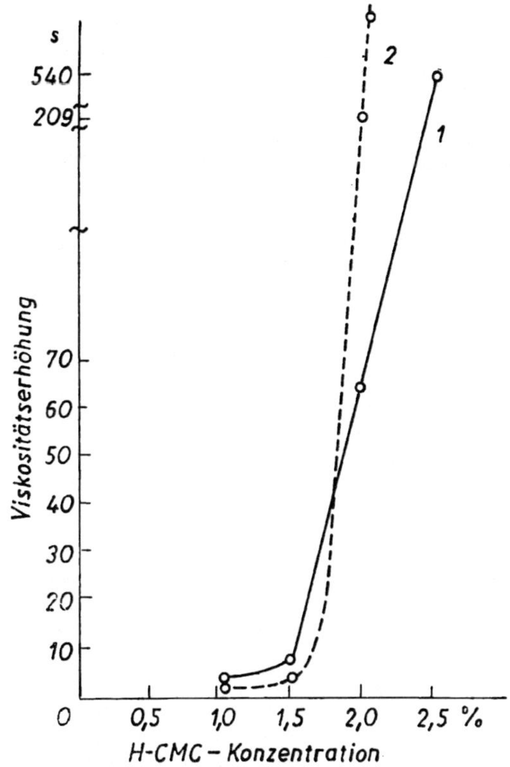

Bild 14. Viskositätszunahme einer CMC-Lösung nach Austausch der Na^+ gegen H^+
1 — Temperatur: 20 °C; 2 — Temperatur: 50 °C

nimmt mit steigender Temperatur ab, während die Viskosität der konzentrierteren Lösungen bis zur Koagulation ansteigt.

Diese Besonderheit der H-CMC-Lösungen hängt mit der besonderen Polymer/Polymer- und Polymer/Solvens-Wechselwirkung zusammen. Wenn die Konzentration der H-CMC-Lösungen relativ niedrig ist, tritt eher eine intramolekulare als eine intermolekulare Wechselwirkung zwischen den Carboxylgruppen auf. Wie für viele andere Polymere führt eine Temperaturerhöhung zu einer Abnahme der spezifischen Wechselwirkung des Makromoleküls mit dem Lösungsmittel und zu einem Anstieg der Segmentbeweglichkeit. Deshalb sinkt die Viskosität.

Wenn die Konzentration der H-CMC-Lösung hoch ist, so erfolgt eine Assoziation durch intermolekulare Bindungen zwischen den COOH-Gruppen. Die Stärke der Bindung in der dimeren Essigsäure entspricht bekanntlich einer Energie von 13 bis 14 kcal/val. So kann angenommen werden, daß in konzentrierten H-CMC-Lösungen, wenn die Temperatur erhöht wird, nicht diese Bindungen aufgebrochen werden, sondern andere, schwächere H-Bindungen anderer funktioneller Gruppen, nämlich die zwischen den Hydroxylgruppen und Wasser, gelöst werden. Infolge dieser Dehydratation koaguliert die Lösung. Im Einklang mit der Konzentrationsabhängigkeit der Viskosität der wäßrigen H-CMC-Lösungen ist zu vermuten, daß ein Verdampfen des Lösungsmittels, d. h. eine Erhöhung der H-CMC-Konzentration zur Bildung eines Films führen sollte, der sich nicht mehr in Wasser auflösen läßt.

Tatsächlich konnten Filme aus H-CMC, die aus deren wäßriger Lösung durch Verdampfen von Wasser bei Raumtemperatur erhalten werden, zu nicht mehr als 10%, wenn sie 24 h in Wasser aufbewahrt wurden (ebenfalls bei Raumtemperatur), und zu nicht mehr als 14% durch 30 min Kochen aufgelöst werden. Eine analytische Bestimmung der freien Carboxylgruppen zeigte, daß ihr Gehalt in dem H-CMC-Film der gleiche war, wie in dem Ausgangsprodukt. So hängt die Unlöslichkeit der bei Raumtemperatur hergestellten H-CMC-Filme offensichtlich mit einer größeren intermolekularen Wechselwirkung auf Grund von H-Brückenbindungen zwischen den COOH-Gruppen zusammen.

Literatur

[1] *Petropavlovskij, G.*, und *Krunčak, M.:* Untersuchung der Methoden zur Gewinnung von Sulfoestern der Cellulose. Ž. prikl. Chimii (Z. angew. Chemie) **36** (1963) S. 2506 bis 2512.
[2] *Petropavlovskij, G., Vasilieva, G.*, und *Vasilieva, O.:* Niedrigsubstituierte Cellulosesulfonate. Ž. prikl. Chimii (Z. angew. Chemie) **39** (1966) S. 2053—2058.
[3] *Petropavlovskij, G.*, und *Krunčak, M.:* Konduktometrische Titration der Polyanionen des Cellulosesulfats in Gegenwart von Fremdelektrolyten. Ž. prikl. Chimii (Z. angew. Chemie) **39** (1966) S. 170—176.
[4] *Petropavlovskij, G.*, und *Krunčak, M.:* Fraktionierung und Molekulargewichtsbestimmung wasserlöslicher Schwefelsäureester der Cellulose. Ž. prikl. Chimii (Z. angew. Chemie) **39** (1966) S. 2347—2353.
[5] *Katchalsky, A.:* Solutions of polyelectrolytes and mechanochemical systems. J. Polymer Sci. **7** (1951) 4, S. 393—412.
[6] *Gregor, H. P.*, und *Frederick, M.:* Potentiometric titration of polyacrylic and polymethacrylic acid with alkali metal and quaternary ammonium bases. J. Polymer Sci. **23** (1957) S. 451—465.
[7] *Nikitin, N.:* Chemistry Wood Cellulose (1962) S. 236.
[8] *Cvetkov, V. N.:* Strukture of macromolecules in solution. Moskva: 1966.
[9] *Smidsrod, O.:* Preprints Symposium on macromol. Chem., Prag 1965.
[10] *Woitczak, Z.:* Specific influence of strontium cations on properties of solutions of polymethacrylic acid. J. Polymer Sci., B: Polymer Letters **2** (1964) S. 661—663.
[11] *Woitczak, Z.:* Interaction between alkaline earth metal cations and poly (methacrylic acid) in dilute solutions. I. Viscometric and conductometric titrations. J. Polymer Sci., A: General Papers **3** (1965) S. 3613—3623.
[12] *Petropavlovskij, G.*, und *Krunčak, M.:* Kinetik der hydrolytischen Spaltung der Esterbindung in wasserlöslichem Cellulosesulfat. Ž. prikl. Chimii (Z. angew. Chemie) **39** (1966) S. 2779—2787.
[13] Advances in carbohydrate chemistry, 20, 183.
[14] *Rees, D.:* Biochem. J., **88** (1963) 2, S. 343.

Eingegangen am 6. Oktober 1972

Ionenstärkeeinfluß auf das Komplexbildungsvermögen der Desoxyribonucleinsäure[1])

Eckhardt Bauer, Hermann Berg und Holger Schütz

Akademie der Wissenschaften der DDR, Forschungszentrum für Molekularbiologie und Medizin, Zentralinstitut für Mikrobiologie und experimentelle Therapie, Jena, Abt. Biophysikochemie

DK 547.963.32:541.572.5:541.132.3:541.4.001.572

Nach einer einleitenden Beschreibung der wesentlichen Einflüsse der Veränderung der Ionenkonzentration auf die physikochemischen Eigenschaften der Desoxyribonucleinsäure (DNA) werden zwei Modelle behandelt, die die Auswertung von Komplexbildungsuntersuchungen an DNA gestatten. Anhand von Literaturdaten und eigenen Ergebnissen werden die Komplexbildung einfacher Ionen mit DNA und der Einfluß der Ionenstärke auf das Komplexbildungsvermögen der DNA dargestellt.

Влияние ионной силы на способность дезоксирибонуклеиновой кислоты к комплексообразованию

После описания существенного влияния изменения концентрации ионов на физико-химические свойства дезоксирибонуклеиновой кислоты (ДНК) рассматриваются две модели, позволяющие проводить обработку данных, получаемых при изучении комплексообразования ДНК. На основании литературы и собственных опытов приводятся данные о комплексообразовании простых ионов с ДНК и влиянии ионной силы на способность ДНК к комплексообразованию.

Effect of Ionic Strength on the Complexing Ability of Deoxyribonucleic Acid

The essential effects of changes in ionconcentration on the physico-chemical properties of DNA are described and two models are discussed which allow to evaluate the results obtained by investigations of the complex formation with DNA. The complex formation of DNA with ions and the effect of ionic strength on the complexing ability ot DNA is demonstrated by experimental results and literature data.

1. *Einleitung*

Das Natriumsalz der linearen doppelhelikalen DNA bildet in neutraler Lösung riesige Polyanionen mit rel. Molekülmassen von mehr als 10^8 Dalton[2]). Die negativ geladenen Phosphatgruppen kann man sich als auf einem Zylinder von 20 Å Durchmesser angeordnet denken. Längs des Einzelstranges haben die Phosphatgruppen einen gegenseitigen Abstand von 6,8 Å, auf eine Windung eines Einzelstranges entfallen zehn Phosphatgruppen, die Ganghöhe beträgt 34 Å (s. Bild 1 [1]). Diese Ladungsverteilung bewirkt Änderungen der mittleren Strukturdaten, wenn der *Debye/Hückel*-Abschirmradius $1/\varkappa$ sich mit der Ionenstärke ändert. Wird mit abnehmender Ionenstärke dieser Radius vergrößert, so treten zwei Mechanismen in Aktion, wie *Ptitcyn* [2], *Bloom*-

[1]) Vorgetragen von *H. Berg* auf dem Internationalen Mikrosymposium „Polyelektrolyte" am 8. und 9. Oktober 1972 in Rostock.

[2]) 1 Dalton $= 1{,}6601 \cdot 10^{-27}$ kg

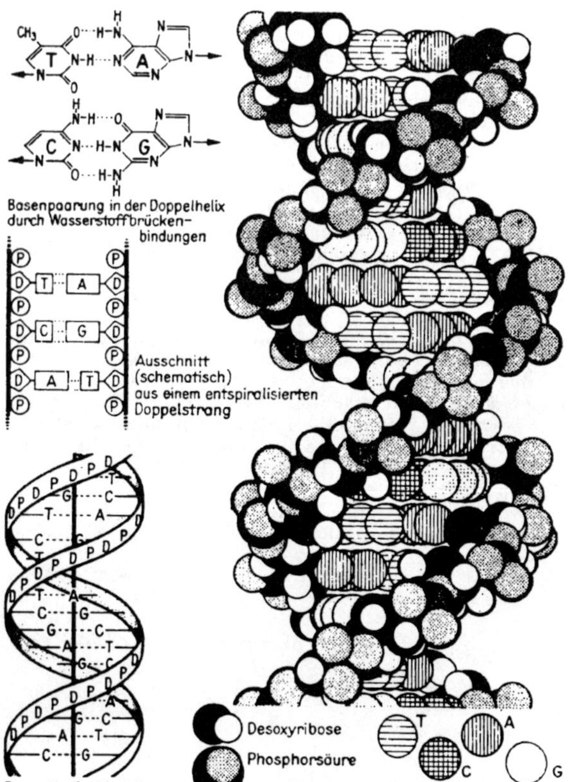

Bild 1. Sekundärstruktur der Desoxyribonucleinsäure (DNA) (Nach *Aurich* [1])

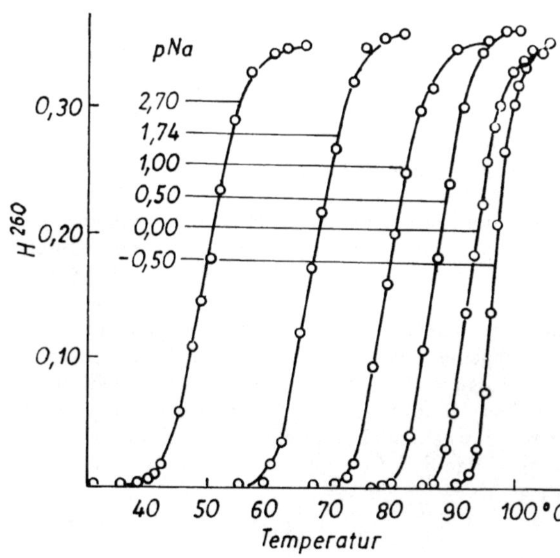

Bild 2. Kurven des temperaturinduzierten Helix-Knäuel-Überganges von Kalbsthymus-DNA in Lösungen unterschiedlicher Na_2SO_4-Konzentration bei pH = 7; $pNa = -{}_{10}\log(c_{NA+} \cdot l/mol)$ (Nach *Gruenwedel* und *Hsu* [6])

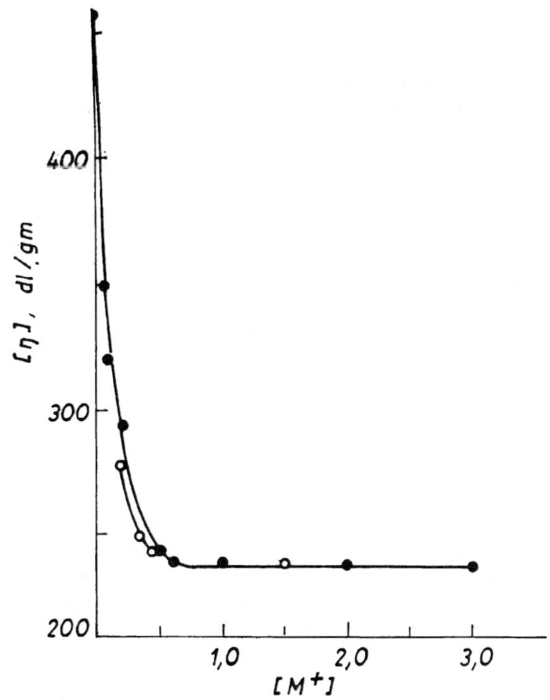

Bild 3. Grenzviskosität von T4—DNA, aufgetragen über den mit l/mol multiplizierten Konzentrationen von Na^+, K^+ oder Li^+. (•) 25 °C; (○) 61 °C. (Nach *Ross* und *Scruggs* [7])

field und *Zimm* [3], *Rice* und *Nagasawa* [4], *Daune* [5] und andere gezeigt haben.[3][4]).

Ihre Wirkung zeigt sich zum Beispiel durch fallende T_m-Werte (s. Bild 2. [6]), abnehmende Sedimentationskonstanten s_{20} und wachsende Grenzviskosität $[\eta]$ (s. Bild 3 [7]). Die Repulsionskräfte können schließlich so stark werden, daß bei Ionenstärken kleiner als 10^{-4} mol/l sich die stark hydratisierte Doppelhelix aufwindet. Aber auch bei sehr hohen Salzkonzentrationen erfolgt die Denaturierung durch Anioneneffekte.

Zwischen diesen beiden Grenzfällen reagiert das DNA-Molekül reversibel in seiner Flexibilität auf sprunghafte Veränderungen der Ionenstärke, wie sich kinetisch mittels der stopped-flow-Apparatur zeigen läßt. Das hat Konsequenzen für alle anderen Eigenschaften der DNA, darunter auch für ihr Komplexbildungsvermögen mit Metallionen und anderen biologisch aktiven Substanzen als Liganden. Die Bestimmung der Komplexdaten und ihre Korrelation mit der biologischen Aktivität der Liganden gewinnt ständiges Interesse, da sie zur Aufklärung des Wirkungsmechanismus beitragen kann.

[3]) Benachbarte Phosphatgruppen treten mehr und mehr in *Coulomb*sche Wechselwirkung, wodurch sich die Zucker-Phosphatkette versteift und verlängert.

[4]) Die Helixsegmente als negativ geladene Zylinderscheiben stoßen sich gegenseitig ab, wodurch der ausgeschlossene Volumen-Effekt erhöht wird.

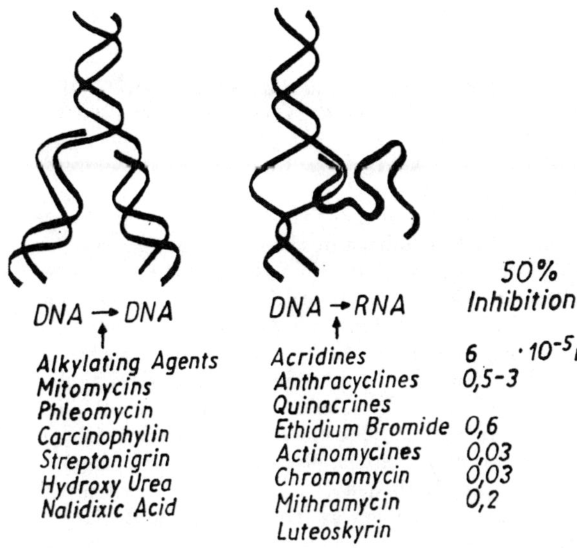

Bild 4. Hemmstoffe, die auf die DNA wirken und auf die DNA-abhängigen Synthesen von DNA und von RNA. (Nach *Bücher* und *Sies* [8])

Aus Bild 4 [8] geht beispielsweise hervor, daß die Funktion der DNA-Polymerase vornehmlich durch alkylierende Substanzen gehemmt wird, während die RNA-Polymerase bereits auf reversible Nebenvalenzbindungen anspricht. Letztere verursachen eine extreme Anlagerung an die Doppelhelix infolge elektrostatischer und hydrophober Interaktionen, oder die Interkalation zwischen bestimmten Basenpaaren, wobei eine π-Elektronenwechselwirkung hinzukommt. Unter den markanten Beispielen von Bild 5 [8] wollen wir später auf das Äthydiumbromid, auf das 9-Aminoderivat des Acridins sowie auf das Actinomycin zurückkommen.

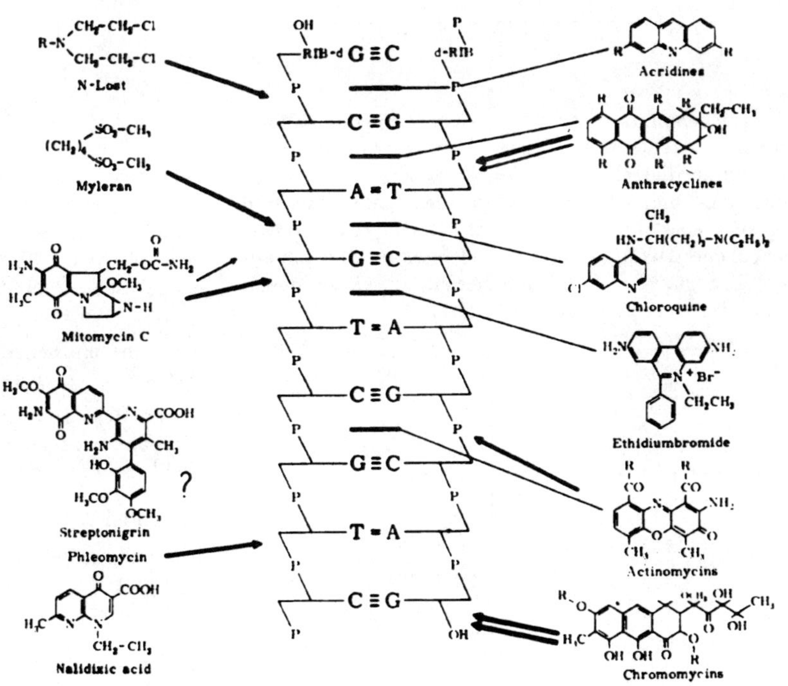

Bild 5. Effektoren und ihre Wechselwirkungsorte an der DNA

2. Theoretische Betrachtung

In diesem Abschnitt sollen die beiden einfachsten Modelle für die Komplexbindung an die DNA beschrieben werden. Aufgabe ist die Bestimmung der thermodynamischen Parameter aus den Messungen. (Die benutzten Symbole sind zu Ende dieses Abschnittes zusammengestellt.)

Die DNA sei eine unendlich lange Kette, die aus lauter gleichartigen Abschnitten, den Bindungsplätzen, besteht. Jeder Bindungsplatz hat zwei Zustände: „besetzt" oder „unbesetzt". Es ist offensichtlich, daß die thermodynamische Wahrscheinlichkeit des Zustandes „besetzt" um so größer ist, je größer die Konzentration c_A an freiem Komplexpartner in der Lösung ist. Daraus folgt, daß man mit den Messungen einen möglichst großen Bereich von c_A überstreichen sollte und daß man den Zusammenhang zwischen c_A und dem Meßsignal F kennen muß.

Bei einigen Methoden (Dialyse z. B.) ist c_A direkt meßbar: im allgemeinen wollen wir folgende Beziehung annehmen:

$$F = \frac{F_0}{c_A{}^0}\,(c_A + q\,c_{Ab}), \tag{1}$$

d. h., der gebundene Komplexpartner trägt mit dem Gewicht q zum Meßsignal bei. Kann man DNA im hohen Überschuß zugeben, so liegt praktisch aller Komplexpartner gebunden vor, und man kann mit

$$c_A{}^t \sim c_{Ab} \approx c_A \tag{2}$$

q aus (1) bestimmen.

Im allgemeinen beginnt die DNA zu aggregieren und auszufallen, bevor die Bedingung (2) erfüllt ist, so daß man auf eine Extrapolationsformel von *Gollmick* [9] angewiesen ist:

$$\frac{c_P{}^t}{1 - \dfrac{F}{F_0}} = \frac{\alpha}{K(1-q)\,(1-\theta)} + \frac{c_P{}^t}{1-q}. \tag{3}$$

Streng genommen ist die DNA-Konzentration (gemessen als Konzentration $c_P{}^t$ der Phosphatgruppen), dividiert durch die relative Erniedrigung $(F_0 - F)/F_0$ des Meßsignals, nur für verschwindenden Besetzungsgrad $(\theta \ll 1)$ eine lineare Funktion der Konzentration zugegebener DNA; oft gestattet (3) aber aus dem experimentell zugänglichen Bereich heraus eine ausreichend genaue Bestimmung von q (s. Bild 6).

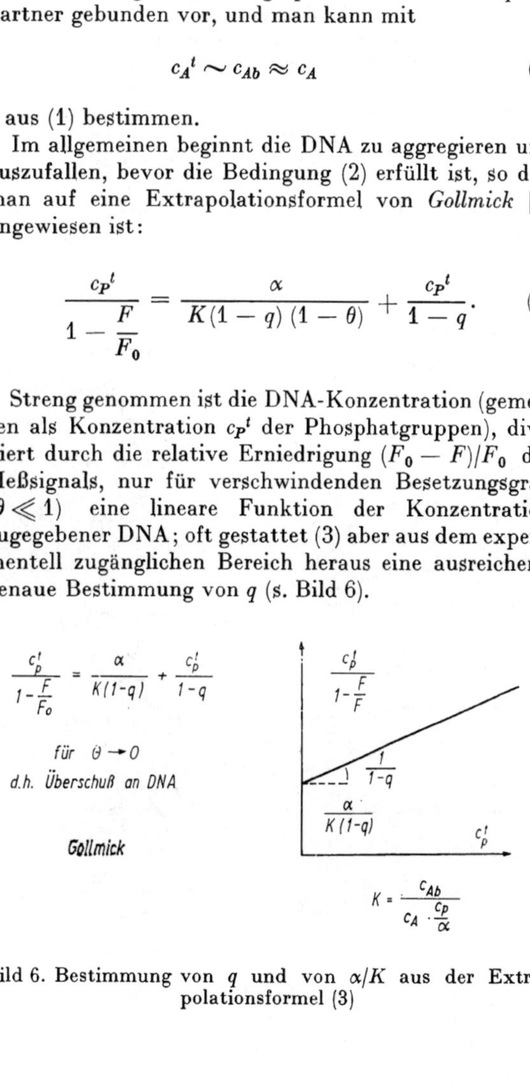

Bild 6. Bestimmung von q und von α/K aus der Extrapolationsformel (3)

Die quantitative Behandlung der Modelle liefert den Besetzungsgrad θ als Funktion von c_A und der (den) Gleichgewichtskonstanten. Experimentell ist aber unmittelbar nicht θ, sondern

$$r = \frac{c_{Ab}}{c_P{}^t} \tag{4}$$

(das Verhältnis der Zahl gebundener Komplexpartner zur Gesamtzahl an Phosphatgruppen und nicht zur Gesamtzahl von Bindungsplätzen) gegeben. Ist α die Bindungsplatzgröße, gemessen als Anzahl Phosphatgruppen pro Bindungsplatz, so gilt

$$\theta = \alpha r. \tag{5}$$

Im ersten Modell (I) wird angenommen, daß die Besetzung eines Bindungsplatzes unabhängig vom Zustand des benachbarten Bindungsplatzes ist. Wir können durchgängig eine Gleichgewichtskonstante K verwenden. Geben wir dem Zustand „unbesetzt" das Gewicht 1, so müssen wir dem Zustand „besetzt" das Gewicht Kc_A geben. Die Zustandssumme z pro Bindungsplatz ist dann gegeben durch

$$z = 1 + Kc_A. \tag{6}$$

Damit können wir

$$\theta = \frac{\partial \ln z}{\partial \ln c_A} \tag{7}$$

berechnen zu

$$\theta = \frac{Kc_A}{1 + Kc_A}. \tag{8}$$

Aus der Gleichsetzung von (8) und (5) ergibt sich der Zusammenhang zwischen den experimentell zugänglichen Größen c_A und r mit den Modellparametern α und K, dem *Scatchard* [10] folgende Gestalt gab:

$$\frac{r}{c_A} = \frac{K}{\alpha} - Kr. \tag{9}$$

Die Auftragung der linken Seite von (9) über r sollte eine Gerade ergeben, deren Anstieg und Ordinatenabschnitt $-K$ bzw. K/α ergeben (s. Bild 7).

Im zweiten Modell (II) wird zwischen benachbarten Bindungsplätzen bzw. zwischen Komplexpartnern auf benachbarten Bindungsplätzen eine Wechselwirkung zugelassen. Demzufolge führen wir zwei Gleichgewichtskonstanten ein:

s, wenn ein benachbarter Bindungsplatz besetzt ist,
$s\sigma$, wenn kein benachbarter Bindungsplatz besetzt ist.

Ohne Beschränkung der Allgemeinheit können wir den Zuständen folgende thermodynamische Wahrscheinlichkeiten zuordnen:

(Zustand d. linken Nachbarn)	Zustand	Gewicht
(besetzt, unbesetzt)	unbesetzt	1
(besetzt)	besetzt	$c_A s$
(unbesetzt)	besetzt	$c_A s\sigma$

Nach der Matrixmethode des *Ising*-Modells oder nach der Methode der sequenzerzeugenden Funktionen [11] erhält man für z

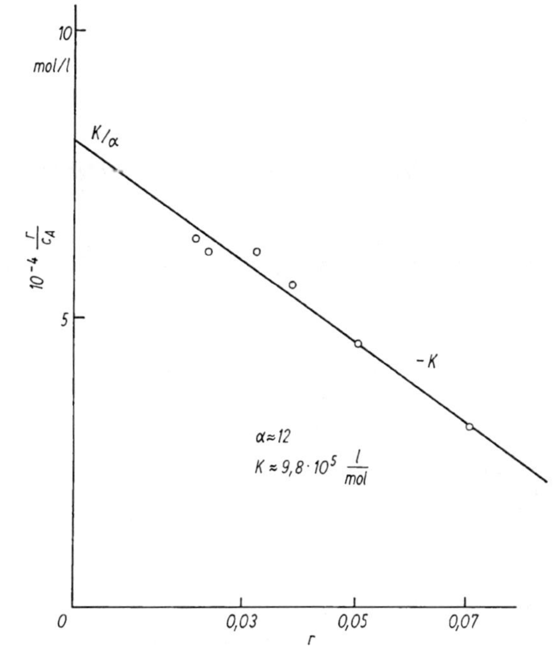

Bild 7. Auswertung einer Messung am System Actinomycin/DNA mittels der Formel (9)

$$z = \frac{1}{2}(c_A s + 1) + \sqrt{\frac{1}{4}(c_A \cdot s - 1)^2 + c_A \cdot s \cdot \sigma} \qquad (10$$

und mit (7) nach einigen Umformungen für θ

$$\theta = \frac{1}{2} + \frac{c_A s - 1}{4\sqrt{\frac{1}{4}(c_A s - 1)^2 + c_A s \sigma}}. \qquad (11)$$

Schwarz [12] formte (11) um zu

$$\frac{1 - 2\theta}{\sqrt{\theta(1-\theta)}}\sqrt{c_A} = \frac{1}{\sqrt{\sigma s}} - c_A\sqrt{\frac{s}{\sigma}}. \qquad (12)$$

Die linke Seite von (12), über c_A aufgetragen, sollte eine Gerade ergeben, so daß man aus Anstieg und Achsenabschnitt s und σ ermitteln kann (s. Bild 8). Für diese Auftragung muß man θ kennen, d. h. in (5) muß man α

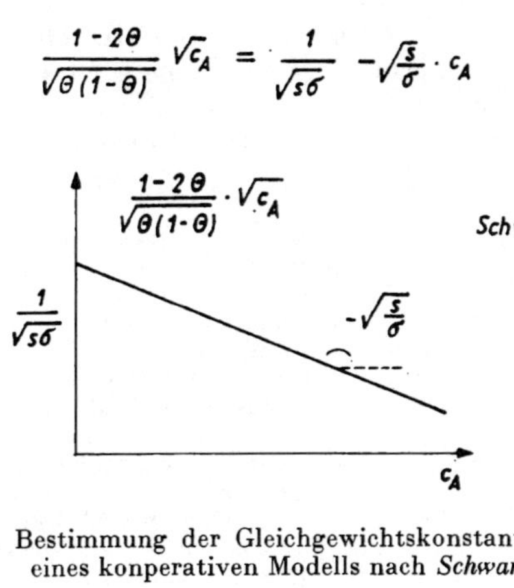

Bild 8. Bestimmung der Gleichgewichtskonstanten mittels eines konperativen Modells nach *Schwarz*

kennen. Für hohen Überschuß an Komplexpartner ($c_A > 1/s$) geht in (11) θ gegen 1 und r sollte einen Sättigungswert r_s annehmen. Aus (5) folgt dann unmittelbar

$$\alpha = \frac{1}{r_s}. \qquad (13)$$

Wie ist zu messen? Es sind prinzipiell zwei Verfahren denkbar:

1. Eine Lösung des Komplexpartners allein wird vorgegeben. Durch Zugaben wird die DNA-Konzentration in der Lösung erhöht.
2. Eine DNA-Lösung wird vorgegeben. Durch Zugaben wird die Konzentration des Komplexpartners erhöht.

Um nach dem ersten Modell die Gleichungen (3) und (9) anwenden zu können, reichen Messungen nach dem ersten Verfahren aus; um das zweite Modell zur Auswertung heranziehen zu können (Gleichungen (3), (5) und (12)) sind Messungen nach beiden Verfahren auszuführen.

Wegen des geringen Bezugs zur wirklichen DNA-Struktur sind Modell I für alle Homopolymere und Modell II für alle linearen Homopolymere anwendbar.

Liste der benutzten Symbole

- α Bindungsplatzgröße; Anzahl der Phosphatgruppen pro Bindungsplatz,
- c_1^0 Einwaagekonzentration des Komplexpartners nach dem ersten Verfahren,
- c_A Konzentration des freien Komplexpartners,
- c_{Ab} Konzentration des an die DNA gebundenen Komplexpartners,
- $c_A{}^t$ totale Konzentration des Komplexpartners,
- $c_P{}^t$ totale Konzentration an Phosphatgruppen der DNA-haltigen Lösung,
- c_P Konzentration an Phosphatgruppen der DNA, die nicht durch den Komplexpartner bedeckt sind,
- F_0 Ausgangsmeßsignal gemäß dem ersten Meßverfahren,
- F Meßsignal,
- K Gleichgewichtskonstante für die Komplexbildung nach dem Modell I,
- q Verhältnis des spezifischen Meßsignals des gebundenen Komplexpartners zu dem des freien,
- $r = c_{Ab}/c_P{}^t$: Verhältnis der Konzentration gebundenen Komplexpartners zu der totalen Phosphatkonzentration,
- r_s Sättigungswert von r für hohen Überschuß an Komplexpartner,
- s Gleichgewichtskonstante für die Komplexbindung in Nachbarschaft eines besetzten Bindungsplatzes (kooperative Bindung),
- σ Verhältnis der Gleichgewichtskonstanten für isolierte Bindung zu der für kooperative Bindung,
- θ Bedeckungsgrad: Verhältnis der Anzahl der besetzten Bindungsplätze zur Gesamtzahl der Bindungsplätze,
- z Zustandssumme pro Bindungsplatz.

3. Einige experimentelle Ergebnisse

Nach Modell I und Gleichung (9) sollen die Komplexbildung zwischen DNA und Schwermetallionen (Mn^{2+}, Zn^{2+}, Cu^{2+}) sowie zwischen DNA und Äthydiumbromid unter dem Einfluß von Gegenionen betrachtet werden.

Wie *Daune* 1970 [5] auf dem V. Jenaer Symposium vorgetragen hat, werden bei Schwermetallionen selbst bei niederen Ionenstärken in der Auftragung r/c_A über r nicht die zu erwartenden Geraden erhalten, sondern

Tabelle 1. Abhängigkeit der Gleichgewichtskonstanten und der Bindungsplätze von der Ionenkonzentration

$c_{Na^+} \cdot$ l/mol	$K_{ÄB} \cdot$ mol/l	$\alpha_{(9\text{-Aminoacridin})}$
10^{-3}	—	3
10^{-2}	$2{,}5 \cdot 10^6$	4
10^{-1}	$6{,}6 \cdot 10^5$	—
1	$8{,}2 \cdot 10^4$	6
	nach [14]	nach [15]

exponentiell gekrümmte Kurven. *Daune* benutzte eine bei *Scatchard* [10] gegebene Behandlung eines einfachen Falles der Assoziation von Ionen mit einem Polyion und korrigierte Gleichung (9) durch eine empirische elektrostatische Interaktionsenergie w. Durch die erweiterte Beziehung

$$\frac{r}{c_A} = K\left(\frac{1}{\alpha} - r\right) \exp\left(-wr\right) \qquad (14)$$

erzielte er eine Linearisierung bei halblogarithmischer Auftragung, wobei mit dem so bestimmten w das in (14) auftretende K zu korrigieren ist, um das K für die erste isolierte Bindung eines Ions an dem Polyion zu erhalten. Sollte damit keine Linearisierung erreicht werden, sind zwei oder mehr Komplexstrukturen zu vermuten. Schließlich ermittelte er daraus „wahre" Komplexbildungskonstanten K^0 unter Berücksichtigung der Konkurrenz durch Na^+-Ionen in der Form

$$K = \frac{K^0_{M^{2+}}}{1 + K^0_{Na^+} \cdot c_{Na^+}}$$

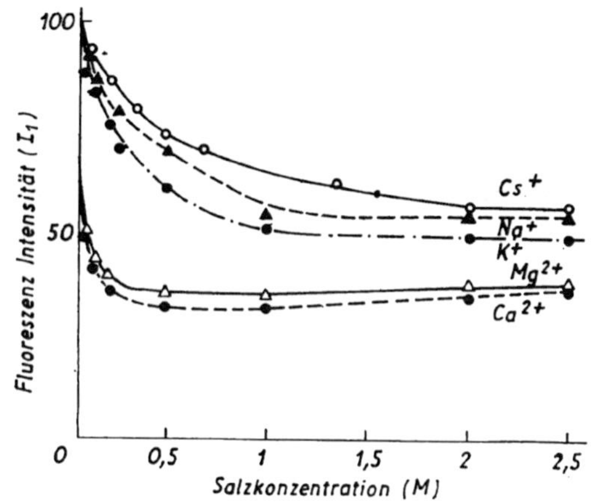

Bild 10. Einfluß der Salzkonzentration auf die Bindung von Äthydiumbromid an native DNA. $c_{ÄB} = 7{,}5$ µg/ml, DNA-Konzentration $= 20$ µg/ml; 0,08 mol/l Tris-HCl (pH $= 7{,}5$) (Nach *LePecq* und *Paoletti* [14])

mit $K^0 = f(\psi)$, wobei das elektrostatische Potential ψ nach einem einfachen Modell [13] berechnet wird. Danach gilt für Magnesiumkomplexe

$$K_{Mg^{2+}} = 1{,}4 \cdot 10^5 \text{ l/mol} \qquad K^0_{Mg^{2+}} = 7{,}4 \cdot 10^5 \text{ l/mol}$$

bei

$$c_{Na^+} = 5 \cdot 10^{-3} \text{ mol/l mit } K^0_{Na^+} = 8{,}6 \cdot 10^2 \text{ l/mol}.$$

Beide Ionen konkurrieren um die Komplexbildungsplätze. Bild 9 bringt Beispiele für mögliche Orte der Komplexbindung von zweiwertigen Metallionen an DNA (nach *Zimmer* [16]).

Für das zweite Beispiel DNA-Äthydiumbromid dient die Fluoreszenzintensität als Meßgröße für die Bildung des Komplexes, der eine starke Emission bei 500 nm aufweist. Diese Intensität wird, wie *LePecq* und *Paoletti* [14] gezeigt haben, mit steigender Ionenstärke bis auf einen Grenzwert etwa der halben Intensität vermindert. Dabei sind die zweiwertigen Kationen (Mg^{2+}, Ca^{2+}, Ba^{2+}, Zn^{2+}, Mn^{2+}, Hg^{2+}) effektiver als die einwertigen (Bild 10).

Obwohl Äthydiumbromid (ÄB) vorwiegend interkaliert und durch „stacking interaction" gebunden wird, ebenso wie die Acridinfarbstoffe, wirkt sich auch in diesem Falle die

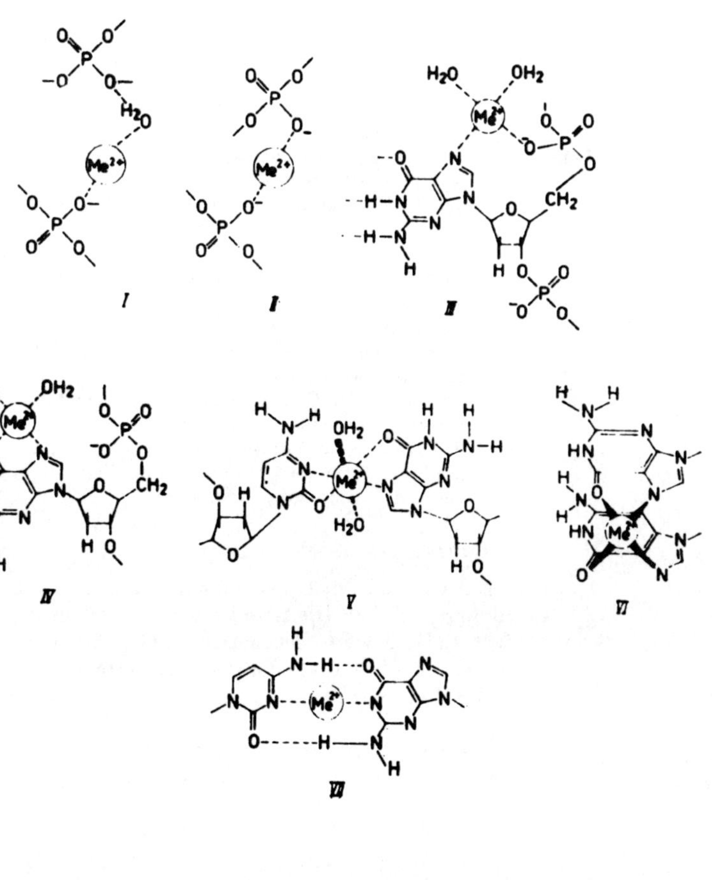

Bild 9. Strukturbilder von Komplexen zweiwertiger Metallionen mit Phosphat- und Basenzentren der DNA; I, II Bindung am Phosphat, III Chelatbindung an Guanin und Phosphat, IV Chelatbindung am Guanin, V Gross-link-Bindung zwischen Guanin und Cytosin nach Drehung von Guanin, VI Sandwich-Komplex zwischen benachbarten Guaninmolekülen eines Stranges, VII Bindung zwischen Guanin und Cytosin in der *Watson/Crick*-Basenpaarung. (Nach *Zimmer* [16])

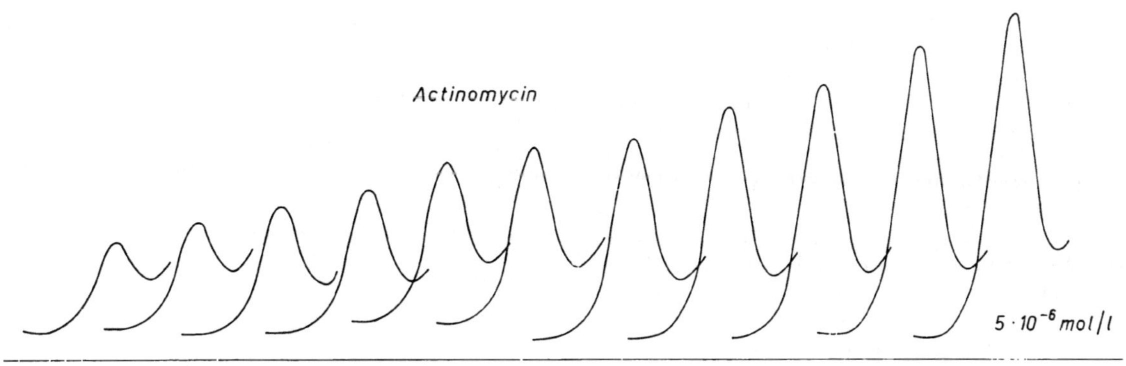

Bild 11. Verringerung der Peaks des Actinomycins bei Zugabe von DNA-Lösung (nach links fortschreitend)

Konkurrenz der Kationen aus (vgl. Gleichung (5)). Aus Tabelle 1 geht der Einfluß von Na^+-Ionen auf K und α hervor.

Aus dieser ionenstärkeabhängigen Abnahme von K und der Erhöhung der Bindungsplätze, das heißt Verringerung der totalen Aufnahmefähigkeit der DNA für den Farbstoff, geht hervor, daß bei der Komplexbildung dieser Farbstoffe elektrostatische Kräfte eine Rolle spielen müssen.

Wir studierten den Ionenstärkeeinfluß auch für das kooperative Modell II der Komplexbildung zwischen DNA und dem Peptidantibiotikum Actinomycin-C sowie Phenosafranin als Modell. Actinomycin zeichnet sich durch mehrere Komplikationen aus. In Lösung bildet es Assoziate, die mit steigender Temperatur monomerisieren, und zwar unter Herabsetzung der totalen Löslichkeit. Die von uns benutzte quantitative polarographische Bestimmung beruht auf der Reduktion des Chromophors. Nach *Crothers* und *Müller* interkaliert dieser vorzugsweise an Stellen mit mehreren GC-Basenpaaren, wodurch die Elektronenaufnahme behindert wird. Während der Chromophor durch π-Elektronenwechselwirkung fixiert wird, sollen die beiden Peptidringe durch hydrophobe Interaktion und elektrostatische Kräfte auf der Oberfläche der Doppelhelix festgehalten werden.

Wegen seines Lösungsverhaltens und seiner hohen Affinität zur DNA wurde Actinomycin in niedrigen Konzentrationen von $5 \cdot 10^{-6}$ mol/l eingesetzt und zur Registrierung ein Pulse-Polarograph A 3100 von Southern Instruments verwendet. Die Ionenstärke des Phosphatpuffers pH = 7 wurde in den Stufen 0,005 — 0,016 — 0,16 mol/l bei den Temperaturen 15, 25, 35, 45 °C variiert.

Nachdem die Linearität der Abhängigkeit der Peakhöhe von der Actinomycinkonzentration geprüft worden war, wurden Messungen nach beiden oben beschriebenen Meßverfahren vorgenommen (s. Bilder 11, 12, 13).

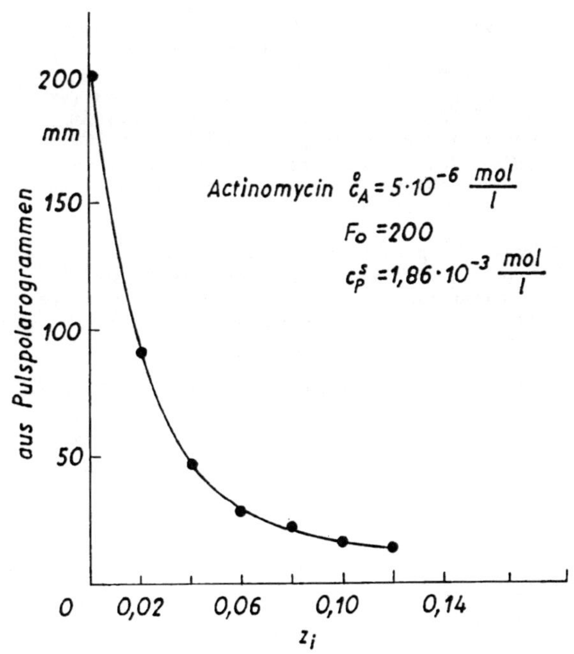

Bild 12. Auftragung der Peak-Höhen F des Actinomycins über den durch Zugaben von DNA-Stammlösung bewirkten relativen Volumenvergrößerungen z_i entsprechend dem ersten Meßverfahren. c_P^s ist die Konzentration der DNA-Stammlösung

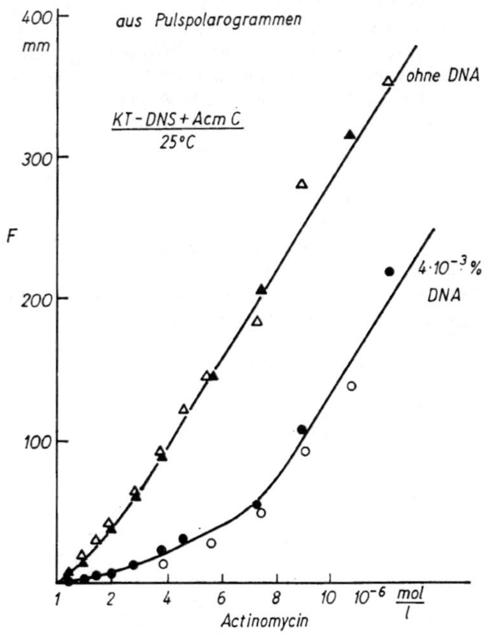

Bild 13. Peak-Höhen von Actinomycin bei Messung entsprechend dem zweiten Meßverfahren (Eichkurve: ohne DNA, Meßkurve: mit DNA)

Nach der Methode der kleinsten Abweichungsquadrate werden aus den Meßwerten beider Titrationsarten gemeinsam in einem Ausgleichsverfahren die besten Werte für das Restsignalverhältnis q, die Bindungsplatzgröße α, die Gleichgewichtskonstante für kooperative Bindung s und die für isolierte Bindung $s\sigma$ bestimmt, wobei $1/\sigma$ der „Kooperativitätsgrad" ist.

Wie im Falle der K-Werte des Äthydiumbromids in der Tabelle 1 nimmt die Gleichgewichtskonstante $s\sigma$ für die isolierte Bindung bei Actinomycin und ebenfalls bei Phenosafranin mit wachsender Ionenstärke ab. Das bedeutet sowohl eine erschwerte Interkalation wegen der weniger aufgeweiteten Struktur als auch eine Änderung der elektrostatischen Wechselwirkung. In gleicher Richtung erfolgt eine Vergrößerung von α und eine Zunahme der Kooperativität ($\sigma < 1$), erkennbar an der Verringerung von σ. Da die Bindungsplatzgrößen für Actinomycin bei 10 und mehr Nucleotiden liegen, dürfte die sterische Wechselwirkung zwischen den Farbstoffen nicht vorherrschend sein, und wir nehmen die Antikooperativität der Komplexbildung der Kationen des Puffers als Ursache an.

Da die Auswertung bislang nur nach einem Einbindungsmechanismusmodell erfolgte, die tatsächlichen Mechanismen bei den Farbstoffen nach kinetischen Messungen jedoch weitaus komplizierter sind, haben unsere Ergebnisse bislang nur summarischen Charakter.

Es läßt sich aber zusammenfassend feststellen: der Einfluß der Ionenstärke auf das Komplexbildungsvermögen wird von beiden Modellen gleichsinnig wiedergegeben. Als biologische Konsequenz dieser Abhängigkeiten kann gesagt werden, daß die Konkurrenz zwischen der Ionenhülle und biologisch aktiven Komplexpartnern eine wichtige Rolle bei den Steuerungsprozessen in der lebenden Zelle spielt.

4. *Zusammenfassung*

Die Desoxyribonucleinsäure (DNA), der Träger der genetischen Information, hängt in seinen physikochemischen Eigenschaften (Konformation, thermodynamische Stabilität, Sedimentationsverhalten, Viskosität) von der Ionenstärke ab. Zur Aufklärung der molekularen Wirkungsmechanismen biologisch aktiver Effektoren sind Komplexbildungsuntersuchungen an DNA in ionalem Medium notwendig.

Zur quantitativen Auswertung solcher Untersuchungen wurden zwei homogene Modelle I bzw. II — ohne bzw. mit Wechselwirkung zwischen benachbarten Bindungsplätzen — beschrieben. Die Modellparameter werden so bestimmt, daß der Bedeckungsgrad θ den aus dem Experiment ermittelten Wert annimmt. Für die Beschreibung der Ionenbindung reichen die angeführten Modelle nicht aus.

Zweiwertige Ionen bilden wesentlich stärkere Komplexe mit DNA als einwertige. Die Erhöhung der Ionenstärke bewirkt im allgemeinen eine Erniedrigung der Gleichgewichtskonstanten, eine Erhöhung des Platzbedarfs des Komplexbildungspartners auf der DNA und eine Erhöhung der Kooperativität.

5. *Literatur*

[1] *Aurich, H.:* Laboratorium des Lebens. Kap. 2. Leipzig/Jena/Berlin: Urania-Verlag 1971.

[2] *Ptitcyn, O. B.:* Die Geometrie linearer Polymerer. VI. Zur Theorie der Volumeneffekte in polymeren Ketten. Vysokomol. Soed. (Hochmol. Verbind.) **1** (1959) 5, S. 715 bis 729.

[3] *Bloomfield, V.*, und *Zimm, B. H.:* Viscosity, sedimentation, et cetera, of ring- and straight-chain polymers in dilute solution. J. chem. Physics **44** (1966) S. 315—323.

[4] *Rice, S. A.*, und *Nagasawa, M.:* Polyelektrolyte solutions. A theoretical introduction. London/New York: Academic Press 1961.

[5] *Daune, M.:* Binding of divalent cations to DNA. studia biophysica **24/25** (1970) S. 287—297.

[6] *Gruenwedel, D. W.*, und *Hsu, Ch.-H.:* Salt effects on the denaturation of DNA. Biopolymers **7** (1969) S. 557—570.

[7] *Ross, Ph. D.*, und *Scruggs, R. L.:* Viscosity study of DNA II. The effect of single salt concentration on the viscosity of heigh molecular weight DNA and application of viscometry to the study of DNA isolated from T4 and T5 bacteriophage mutants. Biopolymers **6** (1968) S. 1005—1018.

8] *Bücher, Th.*, und *Sies, H.* (Herausgeber): Inhibitors. Tools in Cell Research. 20. Coll. der Ges. für Biol. Chemie, 14,—16. 4. 1969 in Mosbach/Baden. Berlin: Springer 1969.

[9] *Gollmick, F. A.:* Photodynamische Primärreaktionen mit Methylenblau, Thiopyronin und Pyronin. Dissertation Friedrich-Schiller-Universität Jena 1968.

[10] *Scatchard, G.:* The attraction of proteins for small molecules and ions. Ann. N. Y. Acad. Sci. **51** (1949) S. 660—672.

[11] *Lifson, S.:* Partition functions of linear-chain molecules. J. chem. Physics **40** (1964) S. 3705—3710.

[12] *Schwarz, G.:* Cooperative binding to linear biopolymers: I. Fundamental static and dynamic properties. European J. Biochem. **12** (1970) S. 442—454.

13] *Daune, M.:* Interactions des ions metalliques avec le DNA. I. Compoitement de polyelectrolyte et liaison des ions compensateurs. Biopolymers **7** (1969) S. 659—670.

[14] *LePecq, J.-B.*, und *Paoletti, C.:* A fluorescent complex between ethidium bromide and nucleic acids. Physical-chemical characterization. J. molek. Biol. **27** (1967) S. 87 bis 106.

[15] *Jordan, D.:* private Mitteilung.

[16] *Zimmer, Ch.:* Bindung von divalenten Metallionen an Nucleinsäuren und Wirkungen auf die Konformation der Desoxyribonucleinsäure. Z. Chemie **11** (1971) S. 441 bis 458.

Eingegangen am 31. Oktober 1972

Thermodynamische Eigenschaften von Polyelektrolytlösungen[1)]

Davorin Dolar
Abteilung für Chemie der Universität in Ljubljana, Jugoslawien

DK 541.135 126:678.746.6:541.8:532.74·536.7:539.19:541.132

Autorreferat

Polyelektrolytlösungen zeigen selbst bei sehr geringer Konzentration große Abweichungen vom idealen Verhalten. Diese Nichtidealität ist eine Folge der starken elektrostatischen Wechselwirkung zwischen dem eine hohe Ladung tragenden Polyion und seinen Gegenionen, sowie zwischen den geladenen Gruppen am Polyion. Die Untersuchungen wäßriger Lösungen verschiedener Polyelektrolyte haben erwiesen [1], daß die thermodynamischen Eigenschaften unabhängig von der rel. Molekülmasse des Polyions sind, daß sie aber von Parametern wie Ladungsdichte am Polyion, Natur der ionisierbaren Gruppen, Radius und Valenz der Gegenionen, wie auch von der Konformation der Polymerkette mehr oder weniger abhängen. Zur Erläuterung dieser Ergebnisse wäre ein Modell erwünscht, das zwar die komplizierte Struktur des gelösten Stoffes und des Lösungsmittels vereinfachen sollte, das aber gleichzeitig die experimentellen Resultate wenigstens semiquantitativ erläutern sollte. Bisher waren verschiedene Modelle eingeführt worden, die wir, ihrer Geometrie zur Folge, in sphärische und kettenförmige Modelle einteilen können.

Die sphärischen Modelle [1] setzen voraus, daß das Polyion ein Zufallsknäuel bildet, das den Raum einer Kugel ausfüllt. Dieses Knäuel kann für das Lösungsmittel und die kleinen Ionen durchlässig oder undurchlässig sein, es kann sich im reinen Lösungsmittel oder in der Lösung mit einem Überschuß von gewöhnlichen Elektrolyten befinden. Für ein solches System wurde die *Poisson/Boltzmann*-Gleichung gelöst und das Potential für die Ausrechnung verschiedener Eigenschaften angewendet. Die Übereinstimmung zwischen Theorie und Experiment ist nicht zufriedenstellend. Die größte Unzulänglichkeit dieser Theorie liegt darin, daß sie die diskreten Ladungen längs der Polymerkette durch eine gleichmäßig zerschmierte Ladung über das ganze Volumen der Kugel ersetzt. Damit wurde die tatsächliche große Ladungsdichte, die eine entscheidende Rolle für das Verhalten des Polyions hat, übermäßig verkleinert.

Frei von diesen Unzulänglichkeiten sind die sogenannten Kettenmodelle [1, 2], die dem Polyion eine zylindrische Form mit gleichmäßig auf der Oberfläche zerschmierter Ladung zuschreiben. Die Ionenatmosphäre, die das Polyion umgibt, ist von zylindrischer Symmetrie, die nur die Gegenionen oder auch die beigegebenen Ionen des Salzes eines gewöhnlichen Elektrolyten umfaßt. Die erste Lösung der *Poisson/Boltzmann*-Gleichung für dieses Modell wurde von *Fuoss*, *Katchalsky* und *Lifson* [3] und von diesen unabhängig von *Alfrey*, *Berg* und *Morawetz* [4] gegeben. In diesem Fall geht es um eine reine Polyelektrolytlösung, die man in soviel zylindrische Zellen aufteilt, wie in der Lösung Polyionen vorhanden sind, wobei man in die Achse der Zelle das stäbchenförmige Polyion setzt. Für ein solches Zellenmodell wurde das elektrostatische Potential als Funktion des Abstandes von der Achse berechnet und aus dem Potential mit Hilfe eines Ladungsprozesses die elektrostatische freie Energie der Zelle gewonnen [5]. Der so gewonnene Ausdruck ist die Grundlage zur Berechnung aller thermodynamischen Eigenschaften.

Manning [6] griff das Problem anders an und ersetzte das Polyion durch eine gleichmäßig geladene Gerade. Mit Hilfe der statistischen Mechanik ist es möglich zu zeigen, daß ein solches System nur dann stabil ist, wenn die Ladungsdichte auf der Geraden einen gewissen Wert nicht überschreitet. Im Fall, daß die Ladungsdichte am Polyion zu groß ist, kommt es zur Kondensation der Gegenionen. Diese Feststellung ist außerordentlich wichtig, weil sie die Ionenbindung voraussieht, ohne sich in die ausführliche physikalische Natur dieses Prozesses einzulassen. Die nächste Feststellung des *Manning*-Modells behauptet, daß man die unkondensierten Ionen mit der *Debye/Hückel*-Approximation behandeln darf. Die Werte für die thermodynamischen Größen, die man so erhält, kann man als Werte für niedrige Konzentrationen auffassen.

Interessant ist der prinzipielle Vergleich der Resultate, die man mit beiden Modellen erhält. Es ist nicht schwer nachzuweisen, daß im Limit für niedrige Konzentrationen alle Resultate des Zellenmodells genau den Resultaten, die aus dem *Manning*-Modell folgen, gleich sind.

In der weiteren Ausführung ist eine Übersicht der Resultate thermodynamischer Messungen wäßriger Lösungen der Polystyrolsulfonsäure und ihrer Salze und ebenso der Vergleich mit den Ausrechnungen auf Grund des Zellenmodells wiedergegeben.

Die Messungen individueller Aktivitätskoeffizienten ein- und zweiwertiger Gegenionen zeigen, daß die Werte der Koeffizienten bedeutend tiefer liegen als bei Lösungen gewöhnlicher Elektrolyten, und daß sie nicht bedeutend von der Konzentration abhängen [7]. Ähnliches gilt für osmotische Koeffizienten [8], die im Fall einwertiger Gegenionen den Wert zwischen 0,2 und 0,3, im Fall zweiwertiger Gegenionen aber 0,1 im Konzentrationsbereich zwischen 0,001 und 0,01 m haben [9]. Der Vergleich mit dem Modell zeigt, daß man zu einer guten Übereinstimmung zwischen Theorie und Experiment kommt, wenn man für die lineare Ladungsdichte am Polyion einen größeren Wert wählt, als aus der Struktur des völlig gestreckten Polyions folgt.

Spannungsmessungen von Konzentrationsketten mit Überführung und Messungen der Überführungszahlen haben erwiesen, daß der mittlere Aktivitätskoeffizient der Polystyrolsulfonsäure schnell mit steigender Konzentration abnimmt [10]. Der Logarithmus des Aktivitätskoeffizienten hängt linear vom Logarithmus der Konzentration ab. Ein analoges Verhalten wurde

1) Vorgetragen auf dem Internationalen Mikrosymposium „Polyelektrolyte" am 8. und 9. Oktober 1972 in Rostock.

für die Lösungen des Cadmiumsalzes der Polystyrolsulfonsäure beobachtet [11]. Es kann theoretisch bewiesen werden, daß die oben erwähnte Abhängigkeit mit der Ladungsdichte am Polyion und mit der Valenz der Gegenionen bestimmt ist [2, 10].

Kalorimetrische Messungen der Verdünnungsenthalpien der alkalischen Polystyrolsulfonate bei niedrigen Konzentrationen haben auf eine lineare Verbindung zwischen der Enthalpie und dem Logarithmus der Konzentration hingewiesen, was in gutem Einklang mit der Theorie steht [12]. Die Abweichungen von der Linearität, die man bei höheren Konzentrationen bemerkt, kann man formal in analoger Weise wie bei Lösungen gewöhnlicher Elektrolyte mit Berücksichtigung der Temperaturabhängigkeit des kleinsten Abstandes, auf den sich ein Gegenion dem Polyion annähern kann, erklären.

Zuletzt muß man noch erwähnen, daß die Messungen der osmotischen Koeffizienten an Lösungen, die eine Mischung von ein- und zweiwertigen Gegenionen enthalten, ausgeführt wurden [13]. Auch in diesem Fall kann man die Resultate mit Hilfe des Zellenmodells quantitativ auslegen [13, 14].

Es ist unmöglich, die erwähnte Übereinstimmung zwischen Experiment und Theorie nur dem Zufall zuzuschreiben, denn es geht um verschiedene thermodynamische Eigenschaften, die mit verschiedenen Ableitungen der freien Energie in Verbindung stehen. Sehr wahrscheinlich muß man die Lösungen von Polystyrolsulfonaten als Systeme auffassen, in denen die elektrostatischen Interaktionen weitaus überwiegend sind. Das berechtigt aber die Anwendung einer rein elektrostatischen Theorie.

Literatur

[1] *Armstrong, R. W.*, und *Strauss, U. P.*: Polyelectrolytes. In: Encyclopedia of Polymer Science and Technology. Vol. 10, S. 781. New York: Interscience Publ. 1968.

[2] *Katchalsky, A.*: Polyelectrolytes. Lecture, IUPAC Symposium on Macromolecules, Leiden 1970.

[3] *Fuoss, R. M.*, *Katchalsky, A.*, und *Lifson, S.*: The potential of an infinite rod-like molecule and the distribution of the counterions. Proc. Nat. Acad. Sci. U.S. **37** (1951) S. 579—589.

[4] *Alfrey, T.*, *Berg, P. W.*, und *Morawetz, H.*: The counterion distribution in solutions of rod-shaped polyelectrolytes. J. Polymer Sci. **7** (1951) S. 543—547.

[5] *Lifson, S.*, und *Katchalsky, A.*: The electrostatic free energy of polyelectrolyte solutions. II. Fully stretched macromolecules. J. Polymer Sci. **13** (1954) S. 43—55.

[6] *Manning, G. S.*: Limiting laws and counterion condensation in polyelectrolyte solutions. I. Colligative properties. II. Self-diffusion of the small ions. III. An analysis based on the Mayer ionic solution theory. J. chem. Physics **51** (1969) S. 924—933; 934—938; 3249—3252.

[7] *Oman, S.*, und *Dolar, D.*: Activity coefficients of counterions in solutions of polymethylstyrenesulfonic acid and its salts. I. Monovalent counterions. II. Divalent counterions. Z. physik Chemie, N. F., Frankfurt/M. **56** (1967) S. 1—12; 13—19.

[8] *Chu, P.*, und *Marinsky, J. A.*: The osmotic properties of polystrenesulfonates. I. The osmotic coefficients. J. physic. Chem. **71** (1967) S. 4352—4359.
Reddy, M., und *Marinski, J. A.*: A further investigation of the osmotic properties of hydrogen and sodium polystyrenesulfonates. J. physic. Chem. **74** (1970) S. 3884 bis 3891.
Reddy, M., *Marinsky, J. A.*, und *Sarkar, A.*: Osmotic properties of divalent metal polystyrenesulfonates in aqueous solution. J. physic. Chem. **74** (1970) S. 3891 bis 3895.

[9] *Kozak, D.*, *Kristan, J.*, und *Dolar, D.*: Osmotic coefficient of polyelectrolyte solutions. I. Polystyrenesulphonates with monovalent counterions. Z. physik. Chemie, N.F., Frankfurt/M. **76** (1971) S. 85—92.
Kozak, D., und *Dolar, D.*: Osmotic coefficient of polyelectrolyte solutions. II. Polystyrenesulphonates with divalent counterions. Z. physik. Chemie, N. F., Frankfurt/M. **76** (1971) S. 93—97.

[10] *Dolar, D.*, und *Leskovšek, H.*: The mean activity coefficient of polystyrenesulphonic acid. Makromol. Chemie **118** (1968) S. 60—65.

[11] *Vesnaver, G.*, und *Dolar, D.*: Im Druck.

[12] *Škerjanc, J.*, *Dolar, D.*, und *Leskovšek, D.*: Heats of dilution of polyelectrolyte solutions. I. Polystyrenesulfonic acid and its sodium salt. III. Lithium potassium and cesium polystyrenesulphonates. Z. physik. Chemie, N. F., Frankfurt/M. **56** (1967) S. 207—217; **70** (1970) S. 31—38.

[13] *Dolar, D.*, und *Kozak, D.*: Osmotic coefficient of polyelectrolyte solutions with mono- and divalent counterions. IUPAC Symposium on Macromolecules, Leiden 1970. Book of Abstracts, Vol. I, S. 363—366.

[14] *Dolar, D.*, und *Peterlin, A.*: Rodlike model for a polyelectrolyte solution with mono- and divalent counterions. J. chem. Physics **50** (1969) S. 3011—3015.

Eingegangen am 28. Oktober 1972

Faserforschung und Textiltechnik 24 (1973) Heft 2

Einige Fragen der Elektrochemie nichtwäßriger Lösungen von Polyelektrolyten[1])

Vil'jam Petrovič Barabanov

Technische Hochschule für Chemie, Kasan, UdSSR

DK 678.744.3:541.135-126:54-145.2/.3:541.132:541.135.1:543.287.5

Am Beispiel der Lösungen von carboxylhaltigen Polyelektrolyten wird ein Ionisierungsschema vorgeschlagen, das die Dimerisierung der Carboxylgruppen, die Solvatation, Dissoziation und die Gegenionenassoziation berücksichtigt. Ferner wird die Möglichkeit zur Berechnung der Gesamtionisierungskonstante aus konduktometrischen Messungen gezeigt. Es werden die Begriffe für die beiden Ionisierungskonstanten K_T und K^* formuliert, von denen jede einen bestimmten Gleichgewichtstyp charakterisiert. Aus Leitfähigkeitsmessungen ist die Berechnung der mittleren Aktivitätskoeffizienten der Gegenionen möglich.

Некоторые вопросы электрохимии неводных растворов полиэлектролитов

На примере растворов полиэлектролитов, содержащих карбоксильные группы, предлагается схема ионизации, учитывающая димеризацию карбоксильных групп, сольватацию, диссоциацию и ассоциацию противоионов. Показывается возможность расчета общей константы ионизации из кондуктометрических измерений. Излагаются понятия для обеих констант ионизации K_T и K^*, каждая из которых характеризует определенный тип равновесия. По данным измерения проводимости можно проводить расчет средних коэффициентов активносту противоионов.

Some Problems of Electrochemistry of non-aqueous Polyelectrolyte Solutions

Based on solutions of carboxyl-containing polyelectrolytes an ionisation scheme is proposed, taking into account dimerisation of carboxyl groups, solvatation, dissociation and counterion association. The results of conductometric measurements are shown to provide possibilities of the calculation of the overall ionisation constant. The concept of the ionisation constants K_T and K^*, both of them characterising specified equilibrium states, are explained. Measurements of the conductivity enable the activity coefficients of the counter ions to be calculated.

Das Verhalten von Polyelektrolytlösungen kann unter zwei zusammenhängenden Aspekten betrachtet werden: Unter dem Aspekt der Konformation und dem Aspekt der Elektrochemie. Der letztere erfordert die Untersuchung der „Elektrolytseite" der vorliegenden Klasse von Verbindungen, und zwar der Ionisierungs- und Ladungsübertragungsprozesse in der Lösung. Zu berücksichtigen ist, daß es sich bei den Polyelektrolytlösungen um komplizierte kooperative Systeme handelt, für die sowohl eine Vielzahl von ionischen als auch von nichtionischen Wechselwirkungen charakteristisch ist. Die Spezifik dieser Wechselwirkungen wird durch die Natur des Polymeren und des Lösungsmittels sowie durch die Lösung als Ganzes bestimmt. Deshalb sind bei der Betrachtung des elektrochemischen Verhaltens von Polyelektrolytlösungen alle Arten der Wechselwirkungen zu berücksichtigen oder, mit anderen Worten, sowohl die Elektrolyt- als auch die Polymernatur der Verbindungen.

In allgemeiner Form kann in Polyelektrolytlösungen die Existenz der gleichen Formen des gelösten Stoffes (solvatisierte Moleküle, Ionen, Ionenassoziate) angenommen werden, wie auch in den Lösungen üblicher niedermolekularer Elektrolyte [1]. Im Falle der Polyelektrolyte jedoch wird die Wahrscheinlichkeit für das Vorherrschen dieser oder jener Reaktion außer durch die allgemeinen Faktoren, die auf das Gleichgewicht in den Lösungen Einfluß ausüben (ionogene Eigenschaften des Stoffes, Lösungsmittel, Temperatur usw.), auch durch eine Reihe spezifischer, unmittelbar mit der makromolekularen Natur zusammenhängender Faktoren bestimmt.

Betrachten wir nun am Beispiel eines carboxylhaltigen Polymeren schematisch die Ionisierung des Polyelektrolyten in Lösung (Bild 1). Zu unterscheiden ist zwischen vier gleichzeitig ablaufenden Reaktionen, die jede durch eine entsprechende Gleichgewichtskonstante charakterisiert werden:

1. Zerfall der dimerisierten Carboxylgruppen;
2. Solvatisierung — Wechselwirkung der ionogenen Gruppen mit dem Lösungsmittel;
3. Dissoziation der solvatierten ionogenen Gruppen unter Bildung von solvatisierten Ionen;
4. Assoziierung der solvatierten niedermolekularen Ionen mit den geladenen makromolekularen Ketten (Gegenionenassoziation)

1. Die Wahrscheinlichkeit für die Dimerisierung der Carboxylgruppen wird durch ihre Protonendonatoreigenschaften, die Dichte im Makromolekül und die Neigung des Lösungsmittels zur Bildung von Wasserstoffbindungen bestimmt. Interessanterweise ist die Bildung von Dimeren sogar in stark ionisierenden Medien (z. B. in Wasser) zu verzeichnen. Die Bildung der Dimeren bestimmt ihrerseits wiederum den Konformations- und Strukturzustand der Makromoleküle in der Lösung. Darauf sind auch die Zusammenhänge zwischen dem Konformationszustand und der Ionisierbarkeit des Polymeren zurückzuführen.

2. Bei der Betrachtung der Solvatation muß der diphile Charakter der Polyelektrolytmoleküle berücksichtigt werden. Eine vollständigere Information in dieser Hinsicht erhält man deshalb durch die Untersuchung der Polyelektrolyte in dipolaren (Aceton, Dimethylformamid, Acetonitril) Lösungsmitteln und Lösungsmittelgemischen. Zu bedenken ist, daß die Ionisierung vor allem durch die Solvatation nicht des gesamten Makromoleküls, sondern seiner ionogenen Gruppen bestimmt wird, die hinsichtlich ihrer Solvatationsfähigkeit den monomeren hydrierten Verbindungen entsprechen. Andererseits ist es nicht

[1]) Vorgetragen auf dem Internationalen Mikrosymposium „Polyelektrolyte" am 8. und 9. Oktober 1972 in Rostock.

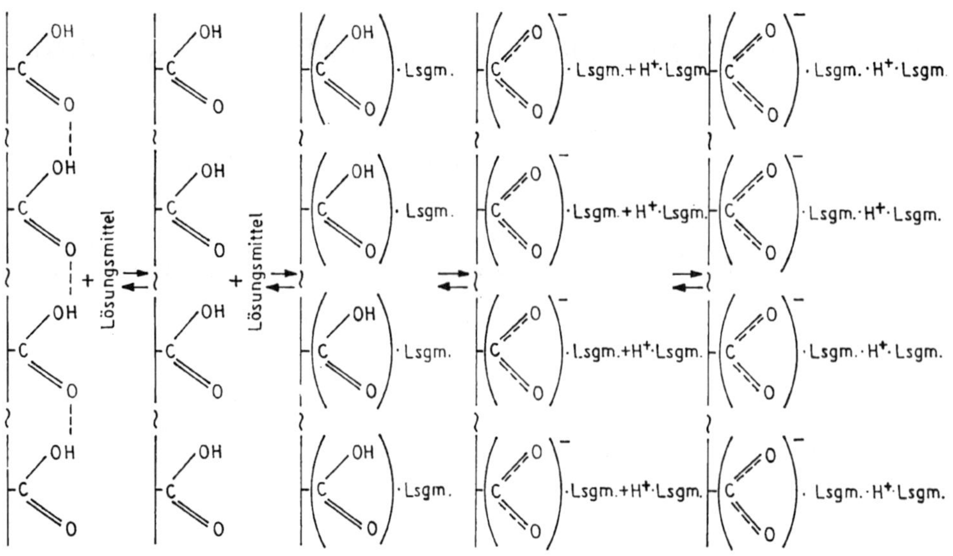

Bild 1. Ionisierung eines carboxylgruppenhaltigen Polyelektrolyten in Lösung, schematisch dargestellt.

richtig, die Wechselwirkung des Lösungsmittels mit dem gesamten Makromolekül zu vernachlässigen.

3. Die Dissoziation eines Polymeren mit genügend großer Dichte der ionogenen Gruppen ist als Dissoziation einer mehrbasischen Verbindung anzusehen und wird durch eine Vielzahl von Konstanten charakterisiert, deren Zahl der Anzahl der ionogenen Gruppen im Makromolekül entspricht [2]. Die Änderung der Dissoziationskonstante während der Ionisierung ist mit zusätzlicher Arbeit verbunden, die zur Herausführung des niedermolekularen Ions aus dem Wirkungsbereich der entgegengesetzt geladenen ionogenen Gruppen notwendig ist. Der allgemeine Ausdruck lautet:

$$pK = pK_0 + F(\alpha_D), \qquad (1)$$

worin K_0 eine für die Ionisierung einer individuellen ionogenen Gruppe charakteristische Konstante ist.
Bei der Bestimmung von K_0 muß die gesamte Gruppierung der Atome berücksichtigt werden, die mit der ionogenen Gruppe verbunden sind und ihre Protonen/Donator-Eigenschaften bestimmen, aber auch die besonderen Bedingungen, unter denen die Ionisierung im gesamten Makromolekülknäuel verläuft. In diesem Zusammenhang muß erwähnt werden, daß die Ionisierung der zum Makromolekül gehörenden ionogenen Gruppe sich erheblich von der Ionisierung des entsprechenden hydrierten Monomeren unterscheiden kann. Wir fanden, daß die Methacrylate des Strontiums, Bariums und Calciums in Dimethylformamid gut dissoziieren. Werden sie jedoch mit Methacrylsäure und Methylmethacrylat copolymerisiert, so nimmt ihre Dissoziation stark ab, in einigen Fällen erfolgt überhaupt keine Dissoziation (Calciummethacrylat) [3, 4].

4. Das charakteristischste Stadium des Ionisierungsprozesses eines Polyelektrolyten in Lösung ist die Gegenionenbindung, die durch den Anteil freier Gegenionen oder den Anteil an freier Ladung charakterisiert wird. Besonders anschaulich wird das Bild der Gegenionenassoziation bei der Untersuchung der Dynamik einer Ladungsänderung des Makromoleküls, z. B. im Verlaufe der Neutralisation. Durch einen Vergleich der Daten aus der konduktometrischen Titration und der viskosimetrischen Bestimmung läßt sich die freie Ladung des Polyions ermitteln [5]:

$$\frac{QZ^2}{(\eta_{sp}/c)^{1/2}} + Z\lambda_0^+ - \lambda_{\text{Polyelektr.}} = 0, \qquad (2)$$

worin Q eine experimentell bei niedrigen Ladungsdichten bestimmbare Konstante ist.
Der Kurvenverlauf bei der konduktometrischen Titration weist auf das Auftreten einer Gegenionenbindung von einem bestimmten Neutralisationsgrad an hin. Aus der Lage der Kurven lassen sich sichere Schlußfolgerungen über die copolymere Natur der Verbindung ziehen. Bei Untersuchungen zur Änderung der Leitfähigkeit von Polyelektrolytlösungen im Hochspannungsfeld konnten wir zeigen, daß in nichtwäßrigen Lösungen die Gegenionenbindung platzgebunden verläuft. Deshalb wird sie durch die Natur des Gegenions stärker beeinflußt als durch die Dichte der ionogenen Gruppen.

Für jede der oben betrachteten Reaktionen ist ihre eigene Gleichgewichtskonstante charakteristisch. Insgesamt kann der Ionisierungsprozeß durch eine allgemeine Ionisierungskonstante beschrieben werden, die die Aktivität der ionischen und der nichtionischen Formen in der Polyelektrolytlösung in Zusammenhang bringt:

$$K_{\text{ges.}} = \frac{a_{\text{RCOO}^- \cdot \text{Lsgm.}} \cdot a_{\text{H}^+ \cdot \text{Lsgm.}}}{a^{1/2}_{(\text{RCOOH})_2} + a_{\text{RCOOH}} + a_{\text{RCOOH} \cdot \text{Lsgm.}} + \to \; \to a_{\text{RCOOH} \cdot \text{Lsgm.} \cdot \text{H}^+ \cdot \text{Lsgm.}}} \qquad (3)$$

Dabei bedeuten $a_{\text{H}^+ \cdot \text{Lsgm.}}$, $a_{\text{RCOO}^- \cdot \text{Lsgm.}}$, $a_{\text{RCOOH} \cdot \text{Lsgm.}}$, $a^{1/2}_{(\text{RCOOH})_2}$ und $a_{\text{RCOOH} \cdot \text{Lsgm.} \cdot \text{H}^+ \cdot \text{Lsgm.}}$ die Aktivitäten des

Gegenions, Polyions, der solvatisierten und dimerisierten Gruppen bzw. des assoziierten Polyions.

Drückt man die Aktivitäten durch die entsprechenden Gleichgewichtskonstanten aus, so erhält man einen Ausdruck, der $K_{\text{ges.}}$ mit den Konstanten der Einzelreaktionen verbindet:

$$K_{\text{ges.}}^{-1} = K_{\text{D}}^{-1} \left(\frac{K_{\text{nichtst.}}}{K_{\text{molisat.}}} + K_{\text{nichtst.}} + 1 \right) + K_{\text{ass.}} \quad (4)$$

$K_{\text{ges.}}$ dient als ein gewisses gemitteltes Charakteristikum für die Ionisierbarkeit des Polymeren. Praktisch läßt sich $K_{\text{ges.}}$ aus experimentellen Angaben zur Aktivität der ionischen Formen bestimmen. Betrachten wir nun die Berechnung der Ionisierungskonstante in der Polyelektrolytlösung aus Angaben zur Leitfähigkeit.

Die aus konduktometrischen Messungen erhaltene Ionisierungskonstante charakterisiert das Gleichgewicht zwischen der als Ladungsüberträger fungierenden Teilchen und den elektrisch neutralen Teilchen.

Der ersten Größe ist die Äquivalentleitfähigkeit bei gegebener Konzentration proportional.

Die Äquivalentleitfähigkeit von Polyelektrolytlösungen setzt sich aus der Beweglichkeit der Polymeren und der niedermolekularen Ionen zusammen:

$$\lambda_{\text{Polyelektr.}} = \sum \lambda_{\text{Gegenion}} + \lambda_{\text{Polyion}} \quad (5)$$

Bekanntlich ist die Übertragungszahl des Polyions klein, d. h. der Hauptteil der zu übertragenden Ladung entfällt auf die niedermolekularen Ionen. Jedoch beeinflußt der Zustand des polymeren Ions in erheblichem Maße die Gesamtleitfähigkeit, indem er die Menge der Gegenionen in der Lösung bestimmt.

Zur Berechnung des Ionisierungsgrades anhand von Daten konduktometrischer Messungen wird der Begriff der Äquivalentleitfähigkeit bei unendlicher Verdünnung $\lambda^0_{\text{Polyelektr.}}$ benutzt. Diese Größe charakterisiert die Äquivalentleitfähigkeit für den Fall, daß der Ladungstransport durch die gleichen Arten von Ionen bestimmt wird, und zwar bei der gegebenen Konzentration, wobei aber alle vorhandenen ionogenen Formen des gelösten Stoffes in diese Ionenarten übergehen. Dabei ist die Notwendigkeit entsprechender Korrekturen für Wanderungs- und Relaxationseffekte zu berücksichtigen. Da der Stoff in der Lösung gleichzeitig in nichtdissoziierter, dissoziierter und assoziierter Form vorliegt, ist die Ermittlung der Leitfähigkeit bei dem vorliegenden hypothetischen Zustand mit einigen Schwierigkeiten verbunden. Selbst bei unendlicher Verdünnung ist es unmöglich, den vollständig ionisierten Zustand zu erreichen.

In der Polyelektrolytlösung ist infolge der beträchtlichen Ladung des Polyions bei endlichem Volumen (durch die Größe des gequollenen Makromolekülknäuels begrenzt) stets eine Assoziation der Gegenionen zu verzeichnen.

Diesem Grenzzustand entspricht eine Äquivalentleitfähigkeit, die sich ihrer Größe nach von $\lambda^0_{\text{Polyelektr.}}$ unterscheidet, und die durch Extrapolieren auf die Polymerkonzentration 0 erhalten wird. (z. B. nach dem Verfahren von *Kraus* und *Bree* oder nach *Fuoss* und *Kraus*).

Die durch Extrapolieren erhaltene Leitfähigkeit bezeichnen wir mit $\lambda^0_{\text{Extrapol.}}$ Ihren Zusammenhang mit der Größe $\lambda^0_{\text{Polyelektr.}}$ gibt die folgende Gleichung wieder:

$$\lambda^0_{\text{Extrapol.}} = \sigma_0 \cdot \lambda^0_{\text{Polyelektr.}}, \quad (6)$$

worin σ_0 den Anteil der freien Gegenionen in der unendlich verdünnten Lösung bedeutet.

Bei einer gewissen endlichen Konzentration der Polyelektrolytlösung wird die Menge der assoziierten Ionen durch den Dissoziationsgrad des Makromoleküls bestimmt. Bezeichnen wir den Dissoziationsgrad des Polyelektrolyts mit α, die Konzentration der dissoziierten Gruppen mit C_0 und die Gesamtkonzentration der ionogenen Gruppen mit C, so erhalten wir

$$c_0 = c \cdot \alpha. \quad (7)$$

Die Konzentration der freien Gegenionen C_1 ist nach dem *Boltzmann*schen Verteilungsgesetz mit der Konzentration der dissoziierten Gruppen durch folgende Ausdrücke verbunden:

$$C_1 = C_0 \cdot e^{-e\Psi/kT} \quad (8)$$

oder

$$C_1 = C \cdot \alpha \cdot e^{-e\varphi/kT}, \qquad \frac{C_1}{C} = \alpha \cdot e^{-e\varphi/kT}. \quad (9)$$

C_1/C gibt den Anteil der freien Gegenionen in der Lösung wieder, der als Quotient aus der Äquivalentleitfähigkeit bei gegebener Konzentration λ und dem Grenzwert der Äquivalentleitfähigkeit $\lambda^0_{\text{Polyelektr.}}$ dargestellt werden kann.

Gleichung (9) läßt sich dann in folgender Form schreiben:

$$\frac{\lambda}{\lambda^0_{\text{Polyelektr.}}} = \alpha \cdot e^{-e\varphi/kT}. \quad (10)$$

Das Vorliegen von zwei Werten für die Äquivalentgrenzleitfähigkeit führt zu der Vorstellung von zwei konduktometrischen Ionisierungskonstanten:

1. K^* Ionisierungskonstante, die durch Extrapolieren der Meßwerte für die Leitfähigkeit erhalten werden kann. (Die Unmöglichkeit des Erreichens eines vollständig dissoziierten Zustandes wird vorausgesetzt.)

2. K_T Ionisierungskonstante, die auf rechnerischem Wege erhalten wird, und zwar ausgehend von der Annahme der Existenz des hypothetischen Zustandes des vollständig dissoziierten Polyelektrolyten.

Graphisch bestimmbare Konstante. Zur Bestimmung von λ_0 und K_d werden im Falle assoziierter Elektrolyte bekanntlich die von *Kraus*, *Fuoss* und *Schedlowski* entwickelten graphischen Verfahren benutzt [1]. Die von uns vorgenommene Auswertung der Leitfähigkeitsmessungen nichtwäßriger Lösungen von Copolymeren der Acrylsäure [6] ergab, daß in den meisten Fällen eine lineare Extrapolation auf die Konzentration 0 nach dem Verfahren von *Bree* und *Kraus* möglich ist. Die Berechnung unter Berücksichtigung der Aktivitätskoeffizienten (das Verfahren von *Fuoss* und *Kraus*) ergibt Werte, die den nach *Bree* berechneten Werten der Dissoziationskonstanten von Copolymerelektrolyten nahe kommen. Besonders zuverlässig ist die Extrapolation der Leitfähigkeitsdaten im Falle von Lösungen von Salz/Copolymer-Systemen [7].

Die durch diese Verfahren erhältliche Dissoziationskonstante charakterisiert das Gleichgewicht zwischen der dissoziierten und der assoziierten Form. Letztere entspricht dabei dem Zustand der Assoziierung im

Tabelle 1. Ionisierungskonstanten von Copolymeren in DMF

Copolymeres	K_T	K^*
MAS*) (15%) + MMA (85%)	$2,0 \cdot 10^{-7}$	$4,0 \cdot 10^{-5}$
PAS (3,4%) + MMA (96,6%)	$1,99 \cdot 10^{-7}$	$9,77 \cdot 10^{-4}$
CPAS (5,2%) + MMA (94,8%)	$3,47 \cdot 10^{-7}$	$3,05 \cdot 10^{-3}$
NAS (1,0%) + MMA (99,0%)	$1,78 \cdot 10^{-6}$	$2,94 \cdot 10^{-3}$
VSS (1,0%) + MMA (99,0%)	$2,75 \cdot 10^{-5}$	$3,05 \cdot 10^{-2}$
VSS (3,0%) + MMA (97,0%)	$7,95 \cdot 10^{-6}$	$1,02 \cdot 10^{-2}$
1% K-MA + 14% MAS + 85% MMA	$3,55 \cdot 10^{-7}$	$1,61 \cdot 10^{-4}$
5% K-MA + 10% MAS + 85% MMA	$5,49 \cdot 10^{-7}$	$1,58 \cdot 10^{-4}$
10% K-MA + 5% MAS + 85% MMA	$1,27 \cdot 10^{-5}$	$7,48 \cdot 10^{-5}$
1% Li-MA + 14% MAS + 85% MMA	$1,31 \cdot 10^{-7}$	$5,89 \cdot 10^{-6}$
5% Li-MA + 10% MAS + 85% MMA	$4,50 \cdot 10^{-7}$	$5,40 \cdot 10^{-5}$

*) MAS = Methacrylsäure, PAS = Phenylacrylsäure, CPAS = Cyanphenylacrylsäure, NAS = Nitroacrylsäure, VSS = Vinylsulfonsäure, MMA = Methylmethacrylat

unendlich verdünnten Polymersystem. Die auf ähnliche Weise berechneten Ionisierungskonstanten wurden von uns zur Abschätzung des Einflusses des Gegenions auf die ionogene Fähigkeit des Polyelektrolyten benutzt.

Thermodynamische Ionisierungskonstante. Die Berechnung der Ionisierungskonstanten kann auch anhand der aus dem Gesetz der unabhängigen Beweglichkeit von *Kohlrausch* ermittelten Daten für $\lambda^0_{\text{Polyelektr.}}$ durchgeführt werden. Dabei kann mit geringen Einschränkungen als $\lambda^0_{\text{Polyelektr.}}$ die Grenzbeweglichkeit des Gegenions der betrachteten Polyelektrolytverbindung angenommen werden. Theoretisch und experimentell wurde das in einer Reihe von Arbeiten bestätigt [8 bis 10]. Auf die Möglichkeit einer derartigen Annahme weisen auch Angaben zu den Übertragungszahlen von Polyionen hin [11]. Die erhältlichen Konzentrationskonstanten hängen jedoch stark von der Ionenstärke der Lösung ab.

Als Beispiel ist in Bild 2 die Abhängigkeit der konzentrationsbezogenen Ionisierungskonstanten von der Ionenstärke der Lösung für Copolymere des Methylmethacrylats (MMA) mit Methacrylsäure (MAS) und ihren Salzen mit 1- und 2-wertigen Metallen dargestellt [7, 11] (Lösungsmittel — Dimethylformamid). Die Ionenstärke wurde nach dem Verfahren von *Macinnes* aus Leitfähigkeitsmessungen unter Heranziehung des Grenzgesetzes von *Onsager* berechnet. Aus den Berechnungen geht hervor, daß die Werte des Ionisierungsgrades α bereits bei zweiter und dritter Näherung praktisch übereinstimmen und zur Bestimmung der Ionenstärke dienen können. Die Extrapolierung der konzentrationsbezogenen Konstante auf Ionenstärke 0 ergibt die thermodynamische Ionisierungskonstante K_T. Die Werte für die nach *Krauss* und die durch Extrapolieren der konzentrationsbezogenen Konstante gewonnenen Ionisierungskonstanten sind in der Tabelle 1 zusammengestellt. Aus der Tabelle geht hervor, daß die graphisch erhaltene Ionisierungskonstante die thermodynamische um einige Größenordnungen übersteigt. Das läßt sich erklären, wenn man berücksichtigt, daß

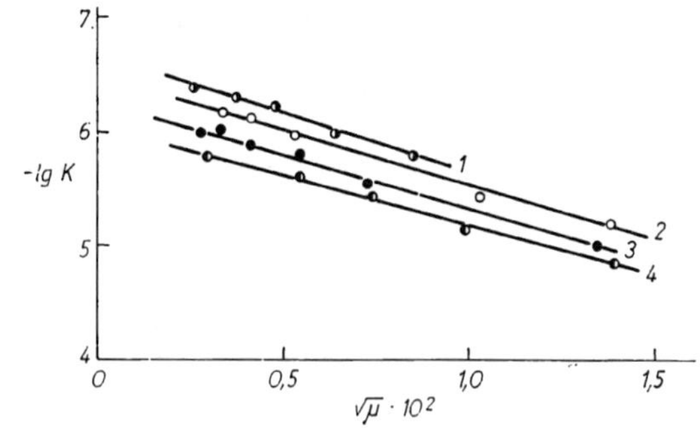

Bild 2a. 1 — K-Methacrylat 1%; 2 — Li-Methacrylat 1%; 3 — K-Methacrylat 5%; 4 — Li-Methacrylat 5%

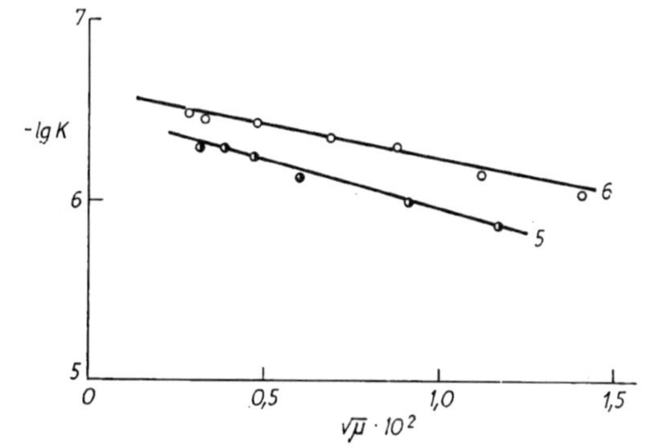

Bild 2b. 5 — Sr-Methacrylat 1%; 6 — Ba-Methacrylat 1%

Bild 2. Abhängigkeit der konzentrationsbezogenen Ionisierungskonstante von der Ionenstärke in Lösungen von Methylmethacrylat/Methacrylsäure-Copolymeren unterschiedlicher Zusammensetzung

Tabelle 2. Aktivitätskoeffizienten in den Lösungen von Copolymeren

K-Methacrylat				Li-Methacrylat				Sr-Methacrylat		Ba-Methacrylat	
1%		5%		1%		5%					
μ*)	γ	μ	γ	μ	γ	μ	γ	μ	γ	μ	γ
1,90	0,277	3,57	0,235	0,775	0,333	1,81	0,266	1,36	0,493	1,24	0,618
1,06	0,298	1,96	0,294	0,406	0,426	1,32	0,353	0,845	0,563	0,771	0,714
0,283	0,552	1,00	0,403	0,223	0,544	0,526	0,471	0,356	0,668	0,484	0,807
0,169	0,650	0,548	0,552	0,137	0,626	0,282	0,632	0,223	0,747	0,235	0,825
0,112	0,688	0,293	0,687	0,092	0,659	0,164	0,751	0,148	0,795	0,111	0,869

*) μ = Ionenstärke der Lösung in gval/l · 10^4

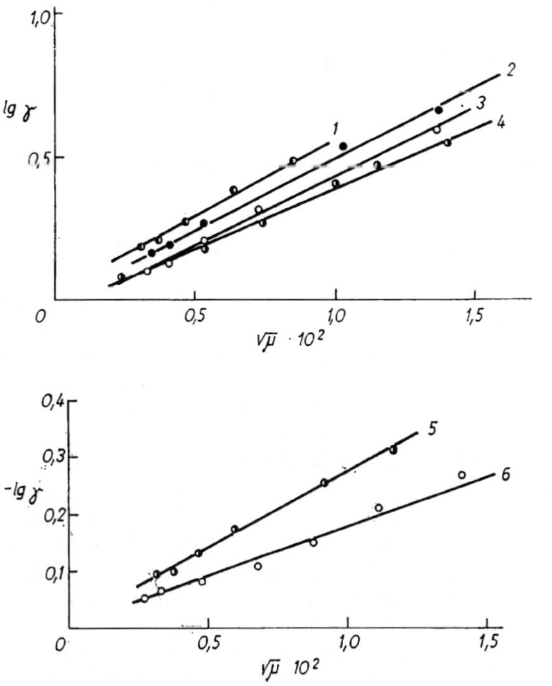

Bild 3. Abhängigkeit des Aktivitätskoeffizienten von der Ionenstärke der Lösung (Bezifferung der Kurven wie in Bild 2)

selbst in unendlich verdünnter Lösung noch eine erhebliche Gegenionenassoziation erfolgt.

Aus den thermodynamischen und den konzentrationsbezogenen Ionisierungskonstanten lassen sich die mittleren Aktivitätskoeffizienten $\pm\gamma$ berechnen (Tabelle 2):

$$K_C = K_T(\gamma\pm)^2, \qquad (11)$$

$$\lg K_C = \lg K_T + 2 \lg \gamma\pm. \qquad (12)$$

Andererseits ist die konzentrationsbezogene Ionisierungskonstante mit der Ionenstärke (Bild 2) durch folgende Gleichung verknüpft:

$$\lg K_C = \lg K_T - A \sqrt{\mu}. \qquad (13)$$

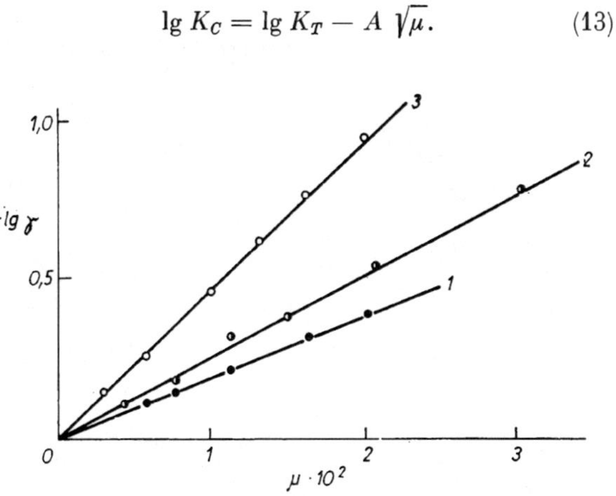

Bild 4. Abhängigkeit des Aktivitätskoeffizienten von der Ionenstärke in Lösungen von Vinylsulfonsäure/Methylmethacrylat-Copolymeren:
1 — 1% Vinylsulfonsäure + 99% Methylmethacrylat; 2 — 3% VSS + 97% MMA; 3 — 15% VSS + 85% MMA

Vergleicht man die Gleichungen (13) und (14), so kann man auf das Vorliegen einer linearen Abhängigkeit $\lg \gamma \sim f(\mu)$ für die Polyelektrolytlösung schließen, was durch den Kurvenverlauf in Bild 3 bestätigt wird. Der Größe nach kommen sie den für wäßrige Polyelektrolytlösungen erhaltenen Werten nahe [12, 13]. Der Anstieg der Aktivitätskoeffizienten mit zunehmender Verdünnung hängt mit einer Abnahme der Zahl der durch das Makromolekül assoziierten Gegenionen zusammen. Besonders interessant ist in diesem Zusammenhang die Untersuchung von Copolymerlösungen mit unterschiedlicher Dichte der ionogenen Gruppen. In Bild 4 ist die Abhängigkeit des Aktivitätskoeffizienten von der Ionenstärke für Copolymere aus Vinylsulfonsäure mit Methylmethacrylat in DMF-Lösungen dargestellt. Wie man sieht, nimmt der Aktivitätskoeffizient mit zunehmender Dichte der ionogenen Gruppen ab. Das entspricht vollständig den gegenwärtigen Vorstellungen über die Gegenionenbindung. Aus den Darlegungen ergibt sich, daß es möglich ist, das konduktometrische Verfahren zur Berechnung der Ionisierungskonstanten und der Aktivitätskoeffizienten in Polyelektrolytlösungen heranzuziehen.

Literatur

[1] *Izmajlov, N. A.:* Elektrochemie der Lösungen. Moskva: Izd. Chimija 1966.

[2] *Rise, S., Nagasawa, M.:* Polyelectrolyte Solution: London/New York: Academic Press 1961.

[3] *Barabanov, V. P.,* und *Bogdanov, B. L.:* Untersuchung der elektrolytischen Übertragung in Lösungen von Methacrylsäurecopolymeren mittels radioaktiver Indikatoren. Izv. vysšich uč. Zav., Chimija chim. Technol. (Hochschulnachr. Chemie chem. Technol.) **8** (1965) 5, S. 829—833.

[4] *Barabanov, V. P., Kurmaeva, A. I.,* und *Bogdanov, B. L* Elektroleitfähigkeit von Salzen der Methacrylsäure in Dimethylformamid. Izv. vysšich. uč. Zav. Chimija chim. Technol. (Hochschulnachr. Chemie chem. Technol.) **12** (1969) S. 102.

[5] *Barabanov, V. P.,* und *Kurmaeva, A. I.:* Elektrochemie von Polyelektrolyten. 6. Elektrochimija (Elektrochemie) **7** (1971) S. 1186.

[6] *Barabanov, V. P.,* und *Centovskij, V. M.:* Untersuchung der Leitfähigkeit der Lösungen von Copolymeren aus Carbonsäuren der Acrylreihe. Izv. vysšich uč. Zav. Chimija chim. Technol. (Hochschulnachr. Chemie chem. Technol.) **9** (1966) 2, S. 306—309.

[7] *Barabanov, V. P.,* und *Kurmaeva, A. I.:* Elektrochemie von Polyelektrolyten 1. Elektrochimija (Elektrochemie) **3** (1967) S. 734.

[8] *Gregor, H.,* und *Gold, D.:* Viscosity and electrical conductivity of salts of poly-N-vinylmethylimidazolium hydroxide. J. physic. Chem. **61** (1957) 10, S. 1347—1352.

[9] *Wall, F.,* und *de Butts, E.:* The Ionization of polymeric electrolytes. J. chem. Physics. **17** (1949) S. 1330—1352.

[10] *Packter, A.:* Conductivity and viscosity measurements on sodium polyacrylates of different molecular weights. J. Polymer Sci., A: General Papers **1** (1963) S. 3021 bis 3027.

[11] *Barabanov, V. P.,* und *Bogdanov, B. L.:* Elektrochemie von Polyelektrolyten. 2. Elektrochimija (Elektrochemie) **4** (1968) S. 707.

[12] *Nagasawa, M.,* und *Kagawa, I.:* Colligative properties of polyelectrolyte solutions. IV. Aktivitätskoeffizient des Natriumions. J. Polymer Sci. **25** (1957) S. 61—76.

[13] *Bourdais, J.:* Propriétés conigues des polyélèctrolytes dans les solutions en l'absence d'élèctrolyte étranger. J. Chimie Physique **56** (1959) S. 1941.

Eingegangen am 30. Oktober 1972

Betrachtungen über ionisch modifizierte Polymere als Polyelektrolyte geringer Ladungsdichte[1)]

Klaus Gärtner, Gerhard Pohl, Helga Schade und Klaus Schröder
Mitteilung aus dem Kombinat VEB Leuna-Werke „Walter Ulbricht" Forschungsdirektion

DK 541.135-126:678.742.2:678.746.222-13:678-9:678.011.541.573:536.746

Autorreferat

Durch ionische Bindungen modifizierte Polymere stellen eine Brücke dar zwischen den nichtionischen organischen Polymeren auf der einen Seite und den Polyelektrolyten auf der anderen Seite. Hinsichtlich der Untersuchung ihrer physikalisch-chemischen Eigenschaften ist beiden Gruppen bereits große Aufmerksamkeit geschenkt worden, jedoch sind sie vorzugsweise als völlig unabhängig voneinander betrachtet worden. Die Einführung von ionischen Gruppen in Polymere kann zu interessanten Resultaten führen, die auch von wirtschaftlichem Interesse sein können.

Da die Festigkeit eines polymeren Werkstoffes und seine Wärmestandfestigkeit wesentlich von den Wechselwirkungen zwischen den Ketten abhängen, läßt die Ausbildung von H-Brücken und ionischen Bindungen eine Erhöhung des mechanischen Niveaus der so erzeugten Produkte denkbar erscheinen. Die Form des durch diese zusätzlichen Bindungen gebildeten Netzwerkes beeinflußt die Eigenschaften des Polymeren besonders hinsichtlich des Elastizitätsmoduls und des Schmelzpunktes.

Am besten bekannt ist die Modifizierung des Polyäthylens durch ionische Bindungen. Eine Anhebung des mechanischen Niveaus erfolgt hier nur beschränkt, da durch die Copolymerisation der Kristallisationsgrad reduziert wird. Bei der Copolymerisation des Styrols mit ungesättigten Säuren und der nachfolgenden partiellen Neutralisation der Copolymerisate sind dagegen Produkte zu erwarten, die den Einfluß der reversiblen Vernetzung ohne den Einfluß von Kristallisationserscheinungen widerspiegeln.

Styrol-Copolymere mit Comonomergehalten unter 20 mol% besitzen unterhalb der Glastemperatur im allgemeinen die gleichen Schubmoduln wie Homopolystyrol. Dagegen weisen die Dämpfungsmaxima des α-Relaxationsgebietes bei den Copolymeren eine etwas größere Halbwertsbreite und geringere Höhe auf als beim Homopolymeren, die um so stärker auftreten, je größer der Conomerengehalt ist. Diese Erscheinungen lassen sich auf Vernetzungen (Wasserstoffbrücken) zurückführen, die schon in den nichtneutralisierten Proben vorliegen.

Die Glastemperaturen der Styrol-Copolymeren sind lineare Funktionen des Comonomerengehaltes und des Neutralisationsgrades. In zweidimensionaler Darstellung mit dem Neutralisationsgrad als unabhängiger Veränderlicher ergibt sich eine Schar von Geraden, deren Anfangswert und Anstieg von der Art und Konzentration des Comonomeren abhängig sind.

Aus Messungen der Lösungsviskosität ist zu schließen, daß bei der Neutralisation mit zweiwertigen Metallen Ionenpaarbildung eintritt, die zu einer vorwiegend intramolekular verlaufenden Assoziatbildung führt; bei einer Neutralisation durch Na^+ weitet sich das Molekül durch die elektrostatischen Abstoßungskräfte zwischen den ionisierten Carboxylgruppen. Im festen Zustand ist infolge der niedrigen Dielektrizitätskonstante der polymeren Matrix das Verhalten der ein- und zweiwertigen Metalle gleich; die Unabhängigkeit der Zugfestigkeit vom Neutralisationsgrad deutet auf eine Ionenpaarbildung auch bei den einwertigen Metallen hin.

Eingegangen am 19. Oktober 1972

[1)] Vorgetragen von *K. Gärtner* auf dem Internationalen Mikrosymposium „Polyelektrolyte" am 8. und 9. Oktober 1972 in Rostock.
Eine ausführliche Veröffentlichung in „Plaste und Kautschuk" ist in Vorbereitung.

Neue wasserlösliche Polyelektrolyte[1])

K. S. Achmedov

Chemisches Institut der Usbekischen Akademie der Wissenschaften, Taschkent, UdSSR

DK 678.744.32/.33:678.745.32:541.135-126:54-145.2:541.8:532.74:541.182.04

Auf Basis polymeranaloger Umwandlungen, der Amidierung und anderer Reaktionen wurden neue wasserlösliche Polyelektrolyte hergestellt, die als Polymere der Serien „K", „PAA", „AKS", „G", „E", „VRP" und „AP" bezeichnet wurden.
Ihre funktionellen Gruppen wurden ermittelt und die physikalisch-chemischen Eigenschaften sowie ihre Wechselwirkung mit verschiedenen dispersen Systemen untersucht.

Новые водорастворимые полиэлектролиты

На основе реакции полимераналогичных превращений, амидирования и других реакций получены новые водорастворимые полиэлекртолиты, условно названные полимерами серии ,,К", ,,ПАА", ,,АКС", ,,Г", ,,Э", ,,ВРП", ,,АП". Установлен их функциональный состав и изучены физико-химические свойства и взаимодействие с различными дисперсными системами.

New Water-soluble Polyelectrolytes

Based on polymer-homologous conversions, amidation and other reactions water-soluble polyelectrolytes have been prepared,which were dessignated by series „K" „PAA", „AKS", „G", „E", „VRP" and „AP". The functional groups were determined and the physico-chemical properties and the interactions in various disperse systems were investigated.

Synthetische wasserlösliche hochmolekulare Polyelektrolyte und oberflächenaktive Stoffe fanden in der letzten Zeit ihre Anwendung in verschiedenen Zweigen der Volkswirtschaft als wirksame Strukturbildner, Flokkuliermittel Koaguliermittel, Stabilisatoren, Flotoreagenzien, Emulgatoren, Plastifikatoren usw. Deshalb sind die Anstrengungen vieler Forscher verstärkt auf die Herstellung und die physikalisch-chemische Untersuchung dieser Produkte gerichtet.

Von uns wurden die wissenschaftlichen Grundlagen für die Herstellung neuer Klassen wirksamer Polyelektrolyte und oberflächenaktiver Stoffe mit verschiedenen aktiven funktionellen Gruppen, die diesen die erforderlichen Eigenschaften verleihen, erarbeitet und Arbeiten zur Untersuchung des Mechanismus und deren Wechselwirkung mit verschiedenen Typen disperser Systeme, wie z. B. Böden, Tonen, Baumaterialien u. a., durchgeführt.

Wir erhielten wasserlösliche hochmolekulare Polyelektrolyte und oberflächenaktive Stoffe auf der Basis von synthetischen Polymeren, von verschiedenen Monomeren, von Erdgas und Gaskondensat sowie auch auf der Basis von Huminsäuren, Lignin aus Kohle, von Abfällen der Landwirtschaft sowie der chemischen und erdölverarbeitenden Industrie.

In der letzten Zeit wurde zur Synthese wasserlöslicher Polymerer in den meisten Fällen das synthetische Polymere Polyacrylnitril angewendet, dessen Produktion in allen Ländern der Welt mit jedem Jahr steigt.

Polyacrylnitril dient auch als Hauptquelle für die Herstellung wasserlöslicher Polyelektrolyte der Serie „K", die von uns entwickelt wurden. Als wirksamste davon erwiesen sich K-4, K-6, K-7, K-9, K-10 und andere. Diese Polyelektrolyte gewinnt man durch polymeranaloge Umwandlung von Polyacrylnitril unter der Einwirkung wäßriger Lösungen verschiedener Elektrolyte (Ätznatron, Natriumsilicat, Trinatrium- und Trikaliumphosphat, Natriumsulfid) unter bestimmten Bedingungen. Sie sind leicht lösliche Pulver oder Pasten, die alkalische oder schwach alkalische Lösungen bilden.

[1]) Vorgetragen auf dem Internationalen Mikrosymposium „Polyelektrolyte" am 8. und 9. Oktober 1972 in Rostock.

Eingehende Untersuchungen an diesen Polymeren, insbesondere an dem Polyelektrolyt K-4, mittels IR-spektroskopischer und anderer moderner Methoden erlaubten die Schlußfolgerung, daß K-4 zu den amphoteren Polyelektrolyten zählt, in deren Makromolekülkette die folgenden funktionellen Gruppen enthalten sind:

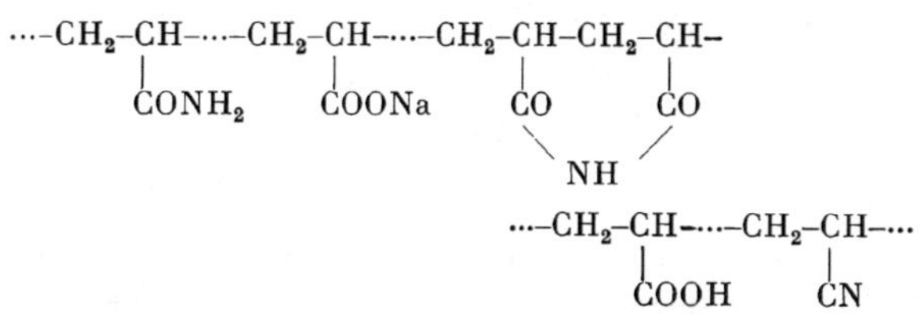

Eine weite Verbreitung fanden auch wasserlösliche Polyelektrolyte vom Typ des Polyacrylamids, die von uns als Polyelektrolyte der Serie PAA bezeichnet und hauptsächlich aus Monomeren durch Amidierung von Acryl- und Methacrylsäure sowie deren Derivaten erhalten wurden: PAA-1, Ca-PAA, PMAA, SMA und SMMA.

Das wasserlösliche Polymere PAA-1 wurde durch Neutralisation von Acrylsäure mit trockenem Ammoniak bei 60 bis 70 °C und anschließende Polymerisation in Gegenwart von Wasserstoffperoxid als Initiator erhalten.

Die Polymerisation verläuft unter Freiwerden von Wärme, wobei das Polymere aufschäumt. Bei Abkühlung bildet sich das trockene, leicht pulverisierbare und in Wasser lösliche Produkt PAA-1. Die Synthese von Ca-PAA erfolgt durch Neutralisation mit trockenem Ammoniak und Calciumoxid; als Initiator für die Polymerisation dient ebenfalls Wasserstoffperoxid.

Grundlage für die Herstellung von Polymeren der Serie PMAA bildet die Methacrylsäure. Für ihre Herstellung verwendeten wir 10%ige Lösungen von Methacrylsäure in 5%iger wäßriger Schwefelsäure- oder Calciumchloridlösung und polymerisierten 2 h bei 50 °C in Gegenwart von Kaliumperoxydisulfat. Dann führten wir die Amidierung der Polymethacrylsäure bei 130 bis 140 °C während 5 h durch. Aus Polymethacrylsäure wird das Polymere PM-I, bei Durchführung der Reaktion in Calciumchlorid das Polymere Ca-PM erhalten. Beide Polymere sind weiße Pulver, die gut in Wasser unter Bildung viskoser homogener Lösungen löslich sind. Es ist zu erwähnen, daß im Vergleich zu den anderen Monomeren Methacrylsäure am besten zugänglich ist und deshalb die trockenen Polyelektrolyte auf dieser Basis für eine mögliche praktische Anwendung am aussichtsreichsten sind.

Bei der Untersuchung der wasserlöslichen Polyelektrolyte der Serien PAA und PMAA mittels IR-Spektroskopie, Polarographie und anderer Methoden wurde das Auftreten von freien und über Wasserstoffbrückenbindungen gebundenen Hydroxylgruppen, von Valenzschwingungen der C=O-Bindung, die den Carbonyl- und Carboxylgruppen zuzuordnen sind, und von Imidgruppen festgestellt. In der Kette des Polyelektrolyten Ca-PAA liegt außer den genannten Gruppen auch die Gruppe

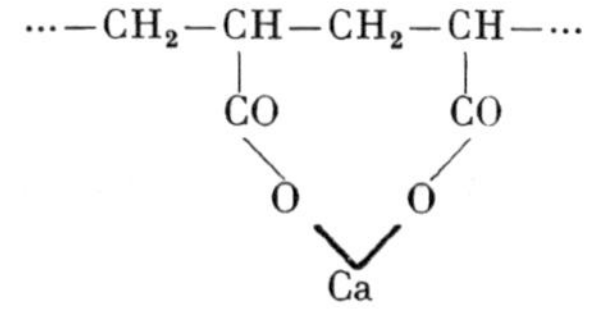

vor.

Eine analoge Struktur hat auch das Polymere Ca-PM, in dem nach IR-spektroskopischen Daten Carboxyl-, Carboxylat- und Amidgruppen auftreten. Das Amidierungsprodukt der Polymethacrylsäure, das in Calciumchloridlösung erhalten wird, enthält offensichtlich folgende Gruppen

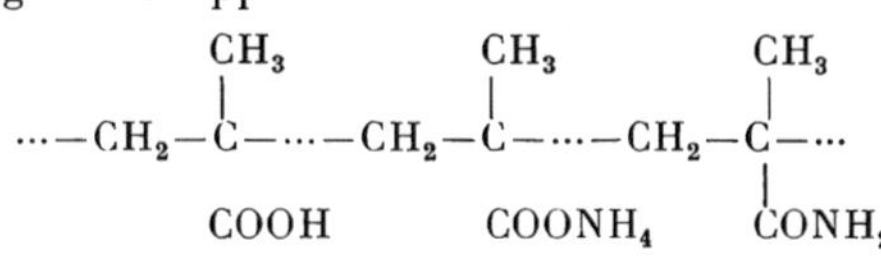

Bei Amidierung der Polymethacrylsäure in schwefelsaurer Lösung verschwinden nach den IR-spektroskopischen Daten die Amidgruppen aus dem Präparat.

Auf der Grundlage von Erdgas, Gaskondensat, verschiedenen organischen Säuren u. a. wurden Herstellungsverfahren für nieder- und hochmolekulare kationische, anionische und nichtionogene Polyelektrolyte und oberflächenaktive Stoffe (PAV) entwickelt, die als Präparate der Serien G und E bezeichnet wurden, sowie für hochmolekulare oberflächenaktive Polyelektrolyte der Serien VRP und AP.

Bei Verwendung von Huminsäuren, Kohle, Lignin und auch von Linters wurde mit Acrylnitril eine Serie hochmolekularer Polyelektrolyte und oberflächenaktiver Stoffe entwickelt, deren Produktion sich ausweitet und die eine breite Anwendung finden.

Anionische oberflächenaktive Stoffe des Typs AAS erhielten wir durch Alkylierung der aromatischen Kohlenwasserstoffe von Gaskondensat und Olefinen in Gegenwart von Aluminiumchlorid und anschließende Sulfonierung mit 20%igem Oleum sowie Neutralisation der Alkylarylsulfonate mit Natriumhydroxid.

Nichtionogene oberflächenaktive Stoffe erhält man durch Sulfonierung aromatischer Kohlenwasserstoffe aus Gaskondensat mit nachfolgender Alkalischmelze der Alkylarylsulfonsäuren; die dabei entstehenden Alkylphenole werden dann durch Oxyäthylierung in nichtionogene oberflächenaktive Stoffe übergeführt.

Die meisten der hergestellten Polyelektrolyte und oberflächenaktiven Stoffe sind Präparate mit universeller Wirkung und besitzen auf Grund des Vorhandenseins verschiedener funktioneller aktiver Gruppen amphoteren Charakter. Das bestätigen Untersuchungen zur Abhängigkeit der Viskosität und der Lichtstreuung der Lösungen vom pH-Wert. So wurde für K-4 und PAA-I u. a. festgestellt, daß die Kurven η-pH, D-pH zwei Maxima, das eine im schwach alkalischen und das andere im sauren Gebiet (pH etwa 7 bis 8 und 2,0), und ein Minimum zwischen pH = 2,5 und 3,5 aufweisen. In der Umgebung des Minimums sind die Polymeren häufig unlöslich. Sie haben im schwach alkalischen Milieu infolge der Dissoziation der Carboxyl- und Carboxylatgruppen den Charakter von Polyanionen. Im sauren Medium, in dem die Amidgruppen dissoziieren, besitzen sie die Eigenschaften von Polykationen. Der Dissoziationsgrad der Amidgruppen ist bekanntlich gering, was einen niedrigen Asymmetriegrad der Makromoleküle und folglich auch eine hohe Viskosität und starke Lichtstreuung im Bereich des ersten Maximums zur Folge hat.

Die Konformationsänderung der Makromoleküle der Polymeren in Abhängigkeit vom pH-Wert wird auch durch elektronenmikroskopische Untersuchungen bestätigt, die zeigen, daß im alkalischen Milieu für K-4 und PAA-I der fibrilläre Strukturtyp charakteristisch ist und mit Verringerung des pH-Wertes, besonders ab pH = 6 und niedriger, eine Zusammenballung der Makromoleküle zu Knäueln und die Bildung von sphäroiden Aggregaten vor sich geht.

Die physikalisch-chemischen Untersuchungen zur Wechselwirkung der genannten Präparate mit verschiedenen Systemen erlaubten eine Ermittlung von drei Hauptkonzentrationsbereichen, innerhalb deren Grenzen ein Zusatz in unterschiedlicher Weise die Stabilität der verschiedenen Mineralsuspensionen beeinflußt. Der erste ist der Bereich der Adsorption der Polyelektrolyte an der Oberfläche der dispersen Phase, der zweite der Bereich der Koagulation der Suspension unter vollständiger Bindung des Polymeren durch die feste Phase; der dritte ist der Bereich der Stabilisierung, der durch das Fehlen einer Phasentrennung in der Suspension gekennzeichnet ist. Das Konzentrationsintervall eines Zusatzes, das einem bestimmten Gebiet entspricht, ist für die verschiedenen Systeme nicht gleich und hängt von der Natur und der Zusammensetzung der festen Phase, von ihrer Konzentration und Dispersität ab. Das eröffnet ein weites Feld von Anwendungsmöglichkeiten für die hergestellten Polyelektrolyte und oberflächenaktiven Stoffe in den chemischen, den erdölverarbeitenden und anderen Zweigen der Industrie.

Das Strukturbildungsvermögen der erhaltenen Polymeren, insbesondere das der Polyelektrolyte der Serien K und PAA, ermöglicht deren Anwendung zur Schaffung künstlicher Strukturen in Böden, die Aggregierung von pulverartigen Stoffen und Schüttgut, die Herstellung granulierter Adsorbentien für Katalysatoren und die Verfestigung von losem Sand in Wüstengebieten.

Das hohe Flockungsvermögen der genannten Präparate erlaubt deren Anwendung zur Klärung und zur Beschleunigung der Filtration von industriellen Abwässern in der chemischen und metallurgischen sowie in der Baumaterialien erzeugenden Industrie.

Sie erwiesen sich auch als sehr wirksam zur Qualitätsverbesserung von Ton- und Zementlösungen, die zur Abdichtung in der Bohrtechnik angewendet werden.

Es wurde festgestellt, daß die hochmolekularen und oberflächenaktiven Verbindungen in Abhängigkeit von der Art ihrer funktionellen Gruppen und von der Konzentration auch eine flockende oder stabilisierende Wirkung auf Suspensionen von einkomponentigen mineralischen Bindemitteln und Portlandzement ausüben.

Ein Zusatz von wasserlöslichen Polyelektrolyten erweist sich auch als nützlich zur Regulierung der bautechnischen Eigenschaften und zur Erhöhung der Langlebigkeit von Zementlösungen und Beton.

Die neuen oberflächenaktiven Stoffe und Polyelektrolyte finden Anwendung zur Regulierung der Beständigkeit und der Eigenschaften verschiedener kolloider Lösungen und Gele.

Literatur

In Zusammenhang mit seinem Vortrag überreichte Herr Prof. Achmedov folgende Buchliteratur:

Achmedov, K. S., Aripov, É. A., Virskaja, G. N., Glekel', F. L., Zajtnuldinov, S. A., Pogorelskij, K. V., Sidorova, T. N., Chamraev, S. S., und *Spilevskaja, I. N.*: Wasserlösliche Polymere und ihre Wechselwirkung in dispersen Systemen. Akad. d. Wiss. der Usbekischen SSR, Chemisches Institut. Verlag „FAN", Uzb. SSR, Taškent 1969.

Achmedov, K. S., Glekel', F. L., Kopp, R. Z., Kurmanbaev, Z.: Strukturbildung in Dispersionen von anorganischen Bindemitteln. Akad. d. Wiss. der Uzb. SSR, Chemisches Institut. Verlag. „FAN" der Uzb. SSR, Taškent 1972.

Aripov, E. A.: Natürliche anorganische Sorbentien, ihre Aktivierung und Modifizierung. Akad. d. Wiss. der Uzb. SSR, Chemisches Institut. Verlag „FAN" der Uzb. SSR, Taškent 1970.

Sammelheft: Polymere und Huminpräparate in der Volkswirtschaft. Verantw. Redakteur: É. A. Aripov. Verlag „Nauka" der Uzb. SSR, Taškent 1964.

Sammelheft: Strukturbildung in dispersen Systemen in Gegenwart von Polyelektrolyten. Verantw. Redakteur: K. S. Achmedov, Mitgl. d. AW d. Uzb. SSR. Akad. d. Wiss. der Uzb. SSR, Chemisches Institut. Verlag „FAN" der Uzb. SSR, Taškent 1970.

Sammelheft: Wechselwirkung von Polyelektrolyten mit dispersen Systemen. Verantw. Redakteur: K. S. Achmedov, Mitgl. d. AW d. Uzb. SSR. Verlag „FAN" der Uzb. SSR, Taškent 1970.

Eingegangen am 7. Oktober 1972

Zur Copolymerisation von Natrium-β-chlorvinylsulfonat mit verschiedenen reaktiven Monomeren[1)]

Reiner Koch, Friedrich Wolf und Eberhard Taeger
Martin-Luther-Universität Halle, Sektion Chemie, Abteilung Technische Chemie

DK 541.135-126:678.745.6-134.532:[678-13.02:66.095.26]:541.127.1

Autorreferat

Es sollte untersucht werden, ob Natrium-β-chlorvinylsulfonat (I)

$$Cl—HC=CH—SO_3Na$$

als Monomeres zur Herstellung von Polymerisaten mit Polymerelektrolyteigenschaften geeignet ist. Wir konnten feststellen, daß (I) als 1,2-disubstituiertes Äthylenderivat auf radikalischem Wege keine Homopolymerisate bildet. Die Verbindung, die in Wasser und einigen organischen Lösungsmitteln (Äthanol, n-Butanol, Dimethylsulfoxid, Dimethylformamid) löslich ist, bildet jedoch mit Acrylnitril und einigen anderen reaktiven Monomeren Copolymerisate. Wir stellten die Zeit-Umsatz-Kurven der radikalischen Copolymerisation von Acrylnitril und (I) mit verschiedenen Comonomerverhältnissen bei 60 °C in Dimethylformamid (homogene Lösungsphase) und in 45%iger Zinkchlorid-Lösung (heterogene Phase) auf und verglichen sie miteinander. Dabei konnten wir feststellen, daß bei gleichen Zeiten die Umsätze mit steigendem (I)-Gehalt im Monomergemisch immer mehr abnahmen. Die aus diesen Kurven ermittelten Relationen Umsatz-Bruttopolymerisationsgeschwindigkeit wurden dargestellt: man erkennt, daß der bei Acrylnitrilpolymerisationen bereits bei geringen Umsätzen auftretende Geleffekt mit steigendem (I)-Gehalt im Ausgangsgemisch abnimmt und schließlich ganz verschwindet.

Die r_1/r_2-Werte der Copolymerisation von Acrylnitril und (I) wurden bei 60 °C ermittelt (Schnittpunktmethode):

in Dimethylformamid r_1 für Acrylnitril $= 11,0 \pm 1,0$
r_2 für (I) $= 0$
in 44,9%iger $ZnCl_2$-Lösung $r_1 = 26,0 \pm 3,0$
$r_2 = 0$
in 25,8%iger $ZnCl_2$-Lösung $r_1 = 26,0 \pm 1,0$
$r_2 = 0$

Daraus konnten wir die Q, e-Werte für (I) berechnen:

in Dimethylformamid $e_2 = 1,30$
$Q_2 = 0,060$
in $ZnCl_2$-Lösungen $e_2 = 1,70$
$Q_2 = 0,042$

Wir versuchten, für die Unterschiede in der elektronischen Polarisierung bei den beiden Lösungsmitteln eine Erklärung zu finden.

Die Copolymerisate aus Acrylnitril und (I) haben Ionenaustauschereigenschaften: ihre Gesamtmassekapazität beträgt je nach Gehalt an $—SO_3^-$-Gruppen 1,3 bis 2,0 mval/g wasserfreies Harz in der H^+-Form (vergleichbar mit Sulfonsäureharzen auf Phenol/Formaldehyd-Basis).

Es wurden weiterhin Copolymerisate aus (I) und folgenden Monomeren hergestellt (in Klammern: der (I)-Gehalt in Masse% des Copolymeren): Acrylsäure (8,3), Natrium-acrylat (12,2), Methacrylsäure (15,7), 4-Vinylpyridin (16,4), Vinylidenchlorid (20,3) und Styrol (5,8).

Eingegangen am 15. September 1972

[1)] Vorgetragen von *R. Koch* auf dem Internationalen Mikrosymposium „Polyelektrolyte" am 8. und 9. Oktober 1972 in Rostock. Die vollständige Veröffentlichung erfolgt in einer Artikelserie in „Plaste und Kautschuk".

Quaternäre Ammoniummethacrylate: Synthese und Polymerisation[1])

Milan J. Beneš, Jan Holata, Jan Peška und Jiří Štamberg
Institut für Makromolekulare Chemie, Tschechoslowakische Akademie der Wissenschaften, Prag 6, ČSSR

DK 541.135-126:678.744.332-9:546.39-38:678.745.2:66.095.26:541.8

Autorreferat

Derivate der Polymethacrylsäure gehören zu den am häufigsten benutzten Typen von kationischen Polyelektrolyten. Prinzipiell können sie auf zwei Wegen hergestellt werden, entweder durch Polymerisation von quaternären Monomeren oder durch polymeranaloge Reaktionen. Als Beispiel für polymeranaloge Reaktionen ist die Alkylierung von Trimethylamin durch Poly-(2-chloräthylmethacrylat) zu nennen. Die Umsetzung vollzieht sich weitgehend bei hoher Temperatur und langer Reaktionszeit.

Anstelle der üblichen Alkylierung von Methacrylaten der tertiären Aminoalkohole mit einem Alkylierungsmittel [1] wurden die Monomeren nach einem entgegengesetzten Verfahren hergestellt, indem ein tertiäres Amin mit einem alkylierenden Methacrylat alkyliert wurde.

2-Chloräthylmethacrylat hat geringe Reaktivität und ist nur zur Alkylierung von reaktionsfähigen Aminen, z. B. Trimethylamin, geeignet. Weniger reaktionsfähige Amine erfordern eine höhere Reaktionstemperatur und längere Reaktionsdauer [2].

Äthylenglykolmethacrylat-benzolsulfonat (-toluolsulfonat) ist erheblich reaktionsfähiger und reagiert auch bei Zimmertemperatur mit Trimethylamin. Dieses Alkylierungsverfahren ist besonders vorteilhaft für Monomere mit quaternisierten heterocyclischen Gruppen, die nach anderen Verfahren schwer herstellbar sind. Wir versuchten auch, Monomere dieses Typs durch Anwendung von Glycidylmethacrylat herzustellen, das schon bei aliphatischen Aminen benutzt wurde [3]. Mit Pyridin wurde festgestellt, daß die Reaktion nur in Gegenwart eines Äquivalents von Pyridinsalz (Perchlorat) und in wasserfreiem Medium eintritt.

Wäßrige Lösungen von quaternären Methacrylaten wurden durch Azobis(methylisobutyrat) polymerisiert, und die polymeren Produkte wurden in Aceton gefällt. Der Polymerisationsverlauf wurde durch die Übertragung zum Anion nicht wesentlich beeinflußt. Das gilt für Benzol- sowie Toluolsulfonat und Chlorid, aber — überraschenderweise — auch für Bromid, Jodid und Thiocyanat. Andererseits wird die Löslichkeit des Polymeren durch das Anion stark beeinflußt (Perchlorate sind in Wasser unlöslich und einige Toluolsulfonate wenig löslich). Die Übertragung zum Polymeren spielt nur eine geringe Rolle, und Lichtstreuungsmessungen zeigen, daß die Verzweigung auch bei hohem Umsatz (90%) vernachlässigbar ist. Die Übertragung zum Monomeren ist von größerer Bedeutung, insbesondere für den Pyridin-Typ. In Anbetracht des Umstandes, daß diese Tendenz bei dem Trimethylamin-Typ unbedeutend ist, aber sich bei dem Nicotinamid-Typ als stärker erweist als bei dem Pyridin-Typ, kann man annehmen, daß sich die Übertragung am heterocyclischen Ring vollzieht. Polymere mit einer rel. Molekülmasse in der Größenordnung von 10^7 sind für die Trimethylamin- und Pyridin-Typen verfügbar. Um niedermolekulare Polymere zu erhalten, wurde die rel. Molekülmasse mittels eines Übertragungsmittels, z. B. Thioglykolsäure, reguliert. Die Konstanten K und a der *Kuhn/Mark*-Beziehung $[\eta] = K.M^a$ waren $4{,}04 \cdot 10^{-5}$ und 0,70 für den Trimethylamin-Typ sowie $2{,}62 \cdot 10^{-5}$ und 0,71 für den Pyridin-Typ [4].

Ferner war für uns die Stabilität der kationischen Polyelektrolyte gegenüber Hydrolyse von Interesse. Im Falle eines polymeren Esters mit der Trimethylammoniumgruppe in der Seitenkette kann unter den gewählten experimentellen Bedingungen das gleichzeitige Auftreten verschiedener Spaltungsreaktionen erwartet werden. Wenn die Ammoniumgruppe in Form einer freien Base vorliegt, kann *Hofmann*scher Abbau der quaternären Base über einen Substitutions- oder Eliminierungsmechanismus neben der Hydrolyse der Estergruppe auftreten.

Wir haben gefunden, daß bei dem niedermolekularen Modell das Einführen einer quaternären Ammoniumgruppe in die Struktur die Hydrolyse wesentlich beschleunigen kann. So führt schon das Umsetzen von Pivaloyloxyäthyltrimethylammoniumchlorid in die freie Base durch einen stark basischen Anionenaustauscher in der OH-Form zu einer weitgehenden Spaltung der Estergruppe unter Bildung von Cholin und unter Bindung der Pivalinsäure an den Anionenaustauscher. Poly(methacroyloxyäthyltrimethylammoniumhydroxid) ist entsprechend dem Modell unter ähnlichen Bedingungen stabil und unterliegt keiner Spaltung, ehe es stärkeren Einwirkungen von Temperatur und Zeit, z. B. bei 120 °C und einer Reaktionszeit von 70 h, ausgesetzt ist, wobei ähnliche Reaktionsprodukte auftreten. In Übereinstimmung mit der bekannten höheren Stabilität von Polymethacrylestern im Vergleich zu Pivalinsäureestern nahm in diesem Fall auch die Stabilität beim Übergang vom Modell zum Polymeren zu. Jedoch selbst unter drastischeren Bedingungen konnte neben der Verseifung des Esters kein Abbau der quaternären Ammoniumgruppe in dem Polymeren beobachtet werden. Ähnlich wie die Stabilität des niedermolekularen Modelles ist auch die Stabilität der quaternären Ammoniumgruppe höher als die der Esterbindung.

Die Beziehungen zwischen der Struktur der kationischen Polyelektrolyte und ihrer Stabilität gegenüber Hydrolyse, die unter dem Gesichtspunkt der Entwicklung eines stark basischen Anionenaustauschers mit hoher thermischer Stabilität interessant sind, bilden den Gegenstand einer weiteren Untersuchung.

Literatur

[1] *Hoover, M. F.*: Cationic quaternary Polyelectrolytes — A literature review. J. macromol. Sci., Chemistry **A4** (1970) S. 1327—1418.
[2] *Batty, J. W.*, und *Jones, G. T.*: GBP 784051 (1957).
[3] *Eastham, A. M.*, und *de Darwent, B.*: Canad. J. Chem. **29** (1951) S. 585.
[4] *Stejskal, J., Beneš, M. J., Kratovil, P.*, und *Peška, J.*: Coll. czechoslov. chem. Commun., im Druck.

Eingegangen am 20. Oktober 1972

[1]) Vorgetragen von *M. J. Beneš* auf dem Internationalen Mikrosymposium „Polyelektrolyte“ am 8. und 9. Oktober 1972 in Rostock.

Einfluß von auf Cellulosexanthogenat gepfropften Polyelektrolytketten[1]) auf die Eigenschaften der Lösungen und der daraus erhaltenen Fäden

B. P. Morin, V. A. Vilkov und Z. A. Rogovin

Moskauer Textilhochschule, Moskau, UdSSR

DK 541.135-126:677.463:547.821.41'361.2:677.862.25:677.021.122.225:677.014.2/.3

Pfropfcopolymere der Cellulose mit Copolymeren aus 2-Methyl-5-vinylpyridin und Methacrylsäure zur Herstellung von modifiziertem Viskosefaserstoff wurden synthetisiert und der Xanthogenierungsprozeß der Pfropfcopolymerisate der Cellulose sowie die Alkalilöslichkeit der erhaltenen Xanthogenate untersucht. Es konnte gezeigt werden, daß die Löslichkeit der Xanthogenate der Pfropfprodukte durch den Gehalt von Methylvinylpyridin in der gepfropften Kette und durch die Menge der aufgepfropften Polymeren bestimmt ist.

Влияние привитых к ксантогенату целлюлозы цепей полиэлектролитов на свойства растворов и получаемых из них волокон

Для получения модифицированных вискозных волокон были синтезированы привитые сополимеры на основе целлюлозы и сополимеров 2-метил-5-винилпиридина с метакриловой кислотой. Кроме того изучался процесс ксантогенирования привитых сополимеров целлюлозы и растворимость полученных ксантогенатов в щелочах. Было показано, что растворимость ксантогенатов привитых продуктов определяется содержанием метилвинилпиридина в привитой цепи и количеством привитого полимера.

Effect of Polyelectrolyte Chains grafted onto Cellulose Xanthate on the Properties of Solutions and Fibres obtained

Graft copolymers of cellulose with copolymers of 2-methyl-5-vinylpyridine and methacrylic acid were synthesized for the preparation of modified viscose fibres. The xanthation of the graft copolymers and the solubility of the xanthate in aqueous alkali were investigated. The solubility of the xanthates of the graft copolymers was found to be affected by the content of methylvinylpyridine and by the amount of the grafts.

In den letzten Jahren wurde in einer Reihe von Veröffentlichungen [1] die große Wirksamkeit der Anwendung von Faserstoffen mit verschiedenen funktionellen Gruppen sowohl sauren als auch basischen Charakters bei Ionenaustauschprozessen nachgewiesen. Der hauptsächliche Vorteil von Ionenaustauschfaserstoffen im Vergleich zu Ionenaustauschharzen besteht in der größeren Oberfläche, der Herstellungsmöglichkeit von Erzeugnissen unterschiedlicher Struktur und Form, der höheren chemischen und thermischen Beständigkeit und mechanischen Festigkeit.

Eines der rationellen Verfahren zur Herstellung von Ionenaustauschfaserstoffen ist das Pfropfen von Polyelektrolytketten auf verschiedene Fasern. Zur Herstellung von Ionenaustauschfaserstoffen mit hinreichend hoher Kapazität ist es jedoch erforderlich, eine beträchtliche Menge des Polymeren aufzupfropfen, was zu einer Verschlechterung der mechanischen Fasereigenschaften führt und die Weiterverarbeitung zu brauchbaren Erzeugnissen erschwert. Diesen Nachteil kann man durch Herstellung dieser Faserstoffe aus Lösungen vom Pfropfcopolymeren unter solchen Bedingungen vermeiden, die eine Orientierung der Ketten des Ausgangspolymeren und des Pfropfpolymeren ermöglichen und zu einer Faserstruktur führen, die den Erfordernissen der Weiterverarbeitung und Anwendung entspricht.

Eine reale Möglichkeit, diese Variante zu verwirklichen, ergibt sich in dem Fall, wenn man die Herstellung solcher Fasern auf die Anwendung der Anlagen und Technologie zur Produktion von gebräuchlichen Faserstoffen gründet. In dieser Beziehung ist die Anwendung der Ausrüstung und technologischen Prozesse zur Herstellung von Viskosefaserstoff am aussichtsreichsten. Der Gebrauch von Cellulosexanthogenat zur Synthese von Pfropfcopolymeren vermittelt die vielseitigsten Bedingungen zur Pfropfung, eine hohe Effektivität der Reaktion und die Möglichkeit einer weitgehenden Regulierung der Zusammensetzung des Produktes. Die Vorrichtungen zur Viskoseherstellung ermöglichen einen breiten Spielraum zur Veränderung der Zusammensetzung des Spinnbades, der Spinnlösungen und anderer Prozeßparameter.

Von uns wurde die Möglichkeit der Herstellung von Ionenaustauschfaserstoffen durch Verarbeitung der Lösungen von Pfropfcopolymeren des Cellulosexanthogenats mit den statistischen Copolymeren von 2-Methyl-5-vinylpyridin (MVP) und Methacrylsäure (MAS) untersucht. In diesem Vortrag werden einige Gesetzmäßigkeiten der Pfropfung des MVP/MAS-Copolymeren auf Cellulose sowie die Eigenschaften der Lösungen von Xanthogenaten der Pfropfcopolymerisationsprodukte (PPC) betrachtet.

Die Synthese von Cellulose/Poly(MVP-MAS)-Pfropfcopolymeren wird unter Anwendung eines Redoxsystems durchgeführt, bei dem ein niedrigsubstituiertes Cellulosexanthogenat (CX) die Rolle des Reduktionsmittels spielt und Ammoniumpersulfat als Oxydationsmittel dient. Die Herstellung von Lösungen der Pfropfpolymeren erfolgt nach folgendem Schema:

Mercerisation der Cellulose mit 18% NaOH	Abpressen der Alkalicellulose und Zerfasern
Vorreife	Herstellung des niedrigsubstituierten CX
Pfropfen von Poly-(MVP-MAS)	Entfernen der Homopolymeren und Monomeren
Mercerisieren von PPC	Xanthogenieren von PPC

Lösen des PPC-Xanthogenats in Lauge

1. *Einige Gesetzmäßigkeiten der Synthese von Cellulose/Poly(MVP-MAS)-Copolymeren*

Die Pfropfcopolymerisation erfolgte aus sauren, wäßrigen Lösungen einer Mischung der Methacrylsäure mit dem phosphorsauren Salz des 2-Methyl-5-vinylpyridins bei 20°C unter Anwendung von Ammoniumpersulfat als Oxydationsmittel. Der Mechanismus der Synthese von Pfropfcopolymeren mit dem System

[1]) Vorgetragen von *B. G. Morin* auf dem Internationalen Mikrosymposium „Polyelektrolyte" am 8. und 9. Oktober 1972 in Rostock.

Cellulosexanthogenat/$(NH_4)_2S_2O_8$ ist offenbar dem Mechanismus der Pfropfreaktion bei Anwendung des früher untersuchten Systems CX/H_2O_2 [2] analog und kann durch folgendes Schema dargestellt werden:

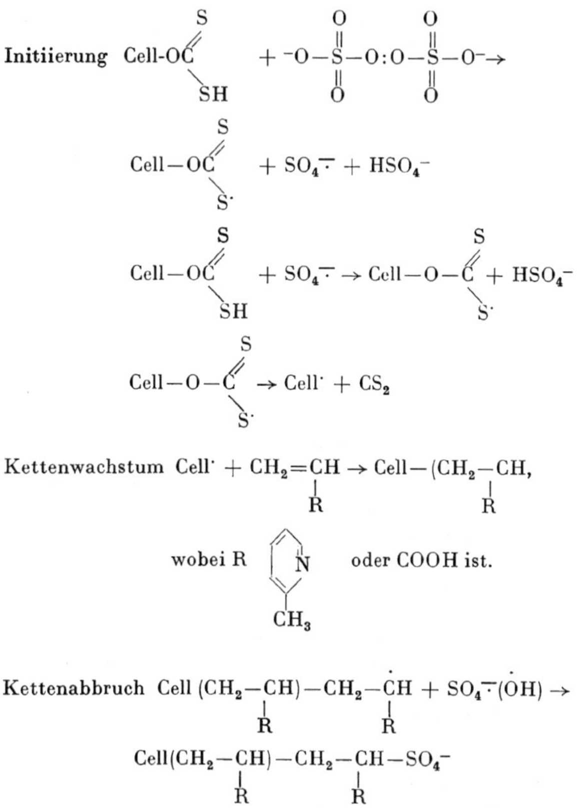

In Bild 1 sind die Werte verzeichnet, die für den Einfluß der Reaktionsdauer auf die Menge des aufgepfropften Copolymeren bei verschiedenen Zusammensetzungen der Monomerenmischung charakteristisch sind. Man erkennt hieraus, daß der Verlauf der kinetischen Kurven beim Pfropfen von MVP oder von Monomerenmischungen mit MVP-Gehalt bis 50% identisch sind. Die Pfropfcopolymerisation ist bei Anwendung dieser Mischungen praktisch durch das Fehlen einer Induktionsperiode und durch das Auftreten von zwei Pfropfstadien mit unterschiedlicher Geschwindigkeit charakterisiert. Das erste, mit relativ hoher Geschwindigkeit, tritt in den ersten 30 min der Reaktion auf und das zweite, mit beträchtlich geringerer Geschwindigkeit, beobachtet man in den folgenden 30 min der Behandlung. Dieser Verlauf der kinetischen Kurven ist offenbar durch eine Abnahme der Zugänglichkeit des Cellulosematerials während der Synthese des Pfropfcopolymeren bedingt, die durch eine Schutzwirkung durch die aufgepfropften Ketten des synthetischen Polymeren entsteht. Aus den Angaben in Bild 1 erkennt man außerdem, daß bei der Anwendung von Monomerenmischungen mit einem MVP-Gehalt von weniger als 20% der Verlauf der kinetischen Kurven stark verändert ist. Es tritt eine merkliche Induktionsperiode auf, die beim Pfropfen von MAS 30 min erreicht, und die Geschwindigkeit der Pfropfcopolymerisation nimmt im untersuchten Bereich mit der Zeit zu.

Die maximale Menge des Polymeren konnte unter gleichbleibenden Prozeßbedingungen durch Anwendung einer 50/50 MVP/MAS-Monomerenmischung erreicht werden, was auf das Vorliegen eines synergetischen Effektes hinweist. Bild 2 veranschaulicht das Auftreten dieses Effektes bei unterschiedlicher Reaktionsdauer. Es ist interessant, die Veränderung der Zusammensetzung der gepfropften Kette mit zunehmender Reaktionsdauer zu verfolgen (Tabelle 1). Aus Tabelle 1 erkennt man, daß bei allen untersuchten Zusammensetzungen der Monomerenmischung die Bildung von an MVP-reichen Ketten in den ersten 15 bis 30 min der Reaktion charakteristisch ist, dann aber eine starke

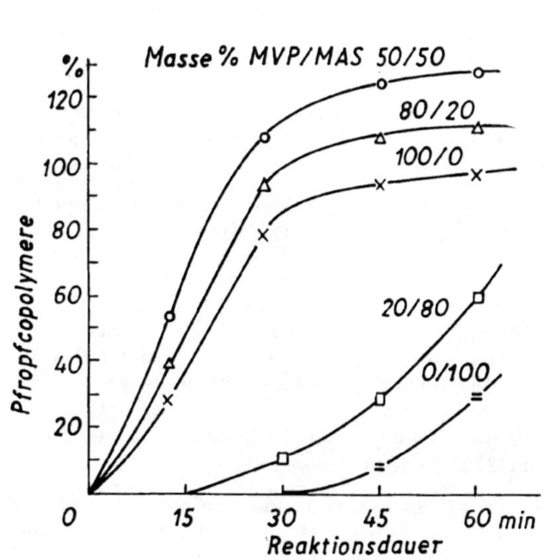

Bild 1. Einfluß der Reaktionsdauer auf die Menge des Pfropfcopolymeren
Reaktionsbedingungen: $(NH_4)_2S_2O_8$-Konzentration — 2 Masse% der Monomeren, $t = 22\,°C$, pH = 4, $\gamma = 12$

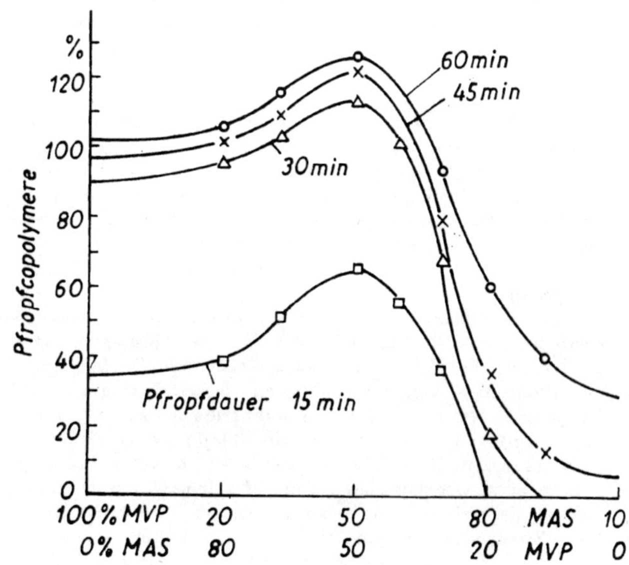

Bild 2. Einfluß der Zusammensetzung der Monomerenmischung auf die Menge des aufgepfropften Polymeren
Reaktionsbedingungen: $(NH_4)_2S_2O_8$-Konzentration — 2 Masse% der Monomeren, $t = 22\,°C$, pH = 4, $\gamma = 12$

Tabelle 1. Einfluß der Reaktionsdauer und der Zusammensetzung der Monomerenmischung auf die Zusammensetzung des PPS und der gepfropften Kette

Zusammensetzung der Monomerenmischung MVP:MAS	Dauer der Pfropfung	Zusammensetzung des PPS in %			Zusammensetzung der gepfropften Kette	
%	min	Cellulose	MVP	MAS	MAS	MVP
80/20	15	81	18	1	95	5
	30	50	23	26	46	54
	45	49	28	23	54	46
	60	47	32	21	61	39
50/50	15	68	17	15	53	47
	30	42	21	37	36	64
	45	37	25	38	38	62
	60	30	32	38	43	57
20/80	15	100	0	0	—	—
	30	95	3	2	60	40
	45	66	4	30	12	88
	60	40	17	43	28	72

Zunahme des MAS-Gehaltes auftritt, der nach 60 min Reaktionsdauer wieder abnimmt.

Dieser Verlauf der Veränderung bei der Zusammensetzung der gepfropften Ketten sowie das Auftreten einer Induktionsperiode beim Pfropfen von MAS oder an MAS-reichen Monomerenmischungen erlaubt anzunehmen, daß unter den von uns gewählten Bedingungen die Wachstumsreaktion der gepfropften Kette im wesentlichen in einer Anlagerung von MVP-Gliedern an die Makromoleküle der Cellulose beginnt. Dann wird durch eine Konzentrationsabnahme des MVP eine Veränderung des Charakters des Makroradikals möglich, und die relative Geschwindigkeit der Anlagerung von MAS nimmt stark zu, die gepfropfte Kette wird reicher an MAS. Die nachfolgende Abnahme des MAS-Gehaltes bei den gepfropften Ketten kann man offenbar durch eine Konzentrationsabnahme in der Lösung erklären. Somit beobachtet man während der Pfropfcopolymerisation eine beträchtliche Veränderung der Zusammensetzung der gepfropften Ketten: Die im Hinblick auf die Zusammensetzung einheitlichste Kette läßt sich bei der Anwendung einer Monomerenmischung mit dem Verhältnis MVP/MAS = 1/1 herstellen. Die Pfropfungsausbeute in Abhängigkeit von den Reaktionsbedingungen betrug 70 bis 90%.

Eine notwendige Bedingung zur Herstellung von alkalilöslichen Xanthogenaten der Pfropfcopolymeren von Cellulose mit Poly(MVP-MAS) ist die Löslichkeit der gepfropften Ketten in alkalischen Lösungen. Zur Aufklärung des Einflusses der Zusammensetzung einer gepfropften Kette auf deren Löslichkeit in 4- bis 6%igen Laugen wurden gepfropfte Ketten unterschiedlicher Zusammensetzung aus PPS abgetrennt. Es wurde festgestellt, daß gepfropfte Copolymerketten mit einem MVP-Gehalt bis zu 40 mol% in 4- bis 6%igen Laugen vollständig löslich sind, und in diesen Laugen konzentrierte Lösungen (15 bis 20%) bilden können. Eine weitere Erhöhung des MVP-Gehaltes in der gepfropften Kette führt zu trüben Lösungen und zur Abnahme der Löslichkeit des Copolymeren (der gepfropften Kette).

2. Untersuchung der Herstellungsmöglichkeit von Lösungen von Xanthogenaten der Cellulose/Poly(MVP-MAS)-Pfropfcopolymerisationsprodukte

Zur Herstellung eines alkalilöslichen PPS wurde dieses einer Mercerisation (18% NaOH, 60 min, 20 °C) unterworfen, abgepreßt und xanthogeniert.

In Bild 3 sind Vergleichswerte angegeben, die für den Einfluß der aufgepfropften Poly(MVP-MAS)-Ketten auf den Veresterungsgrad der Cellulose charakteristisch sind. Aus diesen Werten erkennt man, daß der Veresterungsgrad der in die Zusammensetzung des PPS eingehenden Cellulose unter Pfropfbedingungen immer geringer ist als bei der nicht in der gepfropften Kette vorliegenden Cellulose. Diese Tatsache kann man offen-

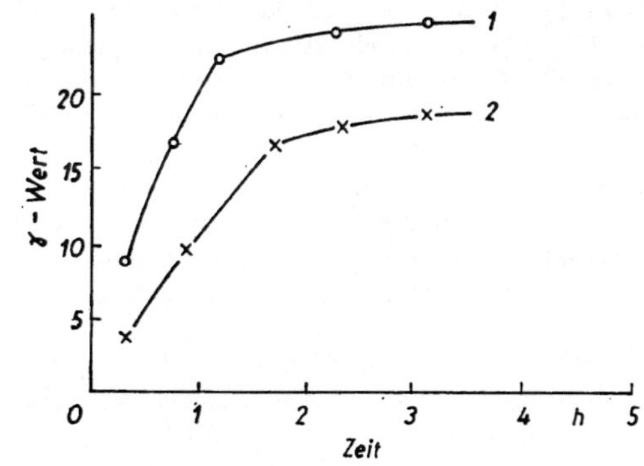

Bild 3. Einfluß der Xanthogenierungsdauer auf den γ-Wert des Cellulosexanthogenats und des Cellulosexanthogenat/Poly(MVP-MAS)-Pfropfcopolymeren

Reaktionsbedingungen: C_2-Gehalt — 50 Masse% der Cellulose, $t = 24$ °C.

Zusammensetzung des PPS: 65% Cellulose, 35% Poly(MPV-MAS),

Zusammensetzung der gepfroptfen Kette: 41 Masse% MVP, 59 Masse% MAS

Kurve 1 — Veränderung des γ-Wertes des Cellulosexanthogenats

Kurve 2 — Veränderung des γ-Wertes des Cellulosexanthogenats im PPS

Tabelle 2. Einfluß der Zusammensetzung des Pfropfcopolymerisationsproduktes und der gepfropften Kette auf die Alkalilöslichkeit der PPS-Xanthogenate

Menge des Pfropfpolymeren der Cellulose	Zusammensetzung des Pfropfcopolymerisationsproduktes in %			Zusammensetzung der gepfropften Kette in %		Menge des in Lauge unlöslichen Rückstandes in %		Zusammensetzung des unlöslichen Rückstandes in %		
in Masse %	Cell.	MVP	MAS	MVP	MAS	4%	6%	Cell.	MVP	MAS
5	95,5	0	4,5	0	100	0	0	—	—	—
100	50	0	50	0	100	0	0	—	—	—
5	95,5	1,3	3,7	28	72	0	0	—	—	—
30	77	8,3	14,7	36	64					
100	50	19	31	38	62	5	4	52	20	28
35	74	11,2	14,8	43	57	0	0	—	—	—
20	83	9	8	53	47	0	0	—	—	—
100	50	26,5	23,6	53	47	8,5	6	51	27	23
20	83	16,2	0,8	95	5	18,5	15	40	60	—

bar durch eine Abschirmung der Hydroxylgruppen der Makromoleküle der Cellulose durch die Ketten des Pfropfcopolymeren erklären. Die Angaben zum Einfluß der Menge des auf die Cellulose gepfropften (MVP-MAS)-Copolymeren und der Zusammensetzung der gepfropften Kette auf die Löslichkeit des PPC-Xanthogenates in 4 und 6 %NaOH sind in Tabelle 2 verzeichnet. Man erkennt hieraus, daß die Cellulose/Poly-MAS-Copolymeren unterschiedlicher Zusammensetzung in 4- bis 6%igen alkalischen Lösungen praktisch vollständig löslich sind. Die Einführung von bis zu 43% MVP in die gepfropfte Kette verschlechtert die Löslichkeit des PPS-Xanthogenates nicht, jedoch bei einem Gehalt von 53% MVP in der gepfropften Kette verschlechtert sich die Löslichkeit des PPS-Xanthogenates und beträgt etwa 90%. Es ist interessant, daß der nichtlösliche Teil des Produktes sich bezüglich seiner Zusammensetzung von dem löslichen nur wenig unterscheidet. Dieser Sachverhalt zeugt davon, daß das Auftreten eines nichtlöslichen Rückstandes bei einem PPC-Xanthogenat, das eine gepfropfte Kette mit einer Zusammensetzung von 53/47 enthält, im wesentlichen durch die ungleichmäßige Veresterung der Cellulose im PPS bedingt ist. Diese Ergebnisse stützen die früher entwickelte Vorstellung über eine Abschirmung der Hydroxylgruppen des Cellulosemakromoleküls durch die gepfropften Ketten bei der Xanthogenierung.

3. *Untersuchung der Eigenschaften von Lösungen der gepfropften Ketten und der Xanthogenate der Pfropfcopolymerisationsprodukte*

Bild 4 zeigt die Ergebnisse über den Einfluß des pH-Wertes des Mediums auf die Viskosität von Lösungen des Pfropfcopolymeren, das aus Cellulose/Poly-(MVP-MAS) abgetrennt wurde. Diese Kurven sind typisch für Polyampholyte und haben zwei Maxima in den Bereichen pH = 3 und 9,5, die dem maximalen Entknäuelungsgrad der Makromoleküle in sauren bzw. alkalischen Medien entsprechen.

In Bild 5 sind die Ergebnisse über den Einfluß der NaOH-Konzentration auf die Viskosität von Lösungen der Pfropfkomponenten unterschiedlicher Zusammensetzung dargestellt. Man erkennt hieraus, daß eine Konzentrationszunahme von 0,5 auf 5 bis 6% zu einer Viskositätsabnahme der Lösungen des Pfropfcopolymeren führt, die bei Polymeren mit maximalen MVP-Gehalt in der Kette besonders deutlich hervortritt. Dieses Verhalten der gepfropften Ketten in alkalischen Lösungen ist durch die Entknäuelung der gepfropften Ketten bei einer Erhöhung der NaOH-Konzentration und einer Verminderung der zwischenmolekularen Wechselwirkung in der Lösung bedingt.

Die Verknäuelung der aufgepfropften Ketten kann zur Bildung von Mikrogelteilchen führen [3, 4], die sich durch Einfangen von benachbarten Makromolekülen des Cellulosexanthogenats ergibt, weshalb eine Trübung der Lösung und eine Verringerung der Viskosität auftreten kann. Wie man aus den Angaben erkennt, die in Bild 6 verzeichnet sind, ist die Viskosität der Lösung des Pfropfcopolymeren bei pH = 9,5 etwa doppelt so groß

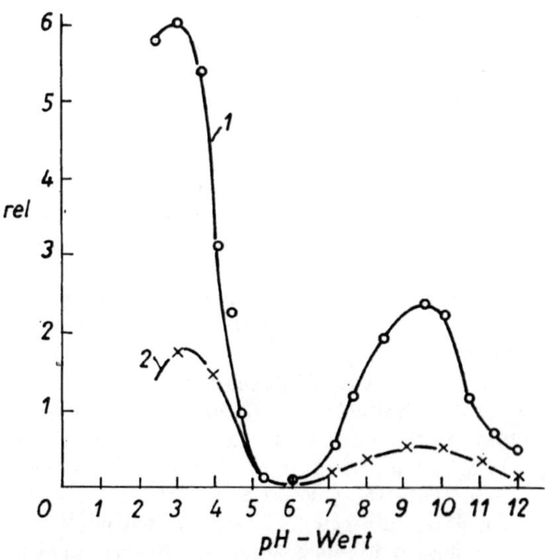

Bild 4. Einfluß des pH-Wertes des Mediums auf die Viskosität von Lösungen des gepfropften Poly(MVP-MAS)
Konzentration von Poly(MVP-MAS) in der Lösung — 0,5%.
Zusammensetzung der gepfropften Poly(MVP-MAS)-Kette:
Kurve 1 — 38 mol% MVP-MAS
Kurve 2 — 30 mol% MVP-MAS

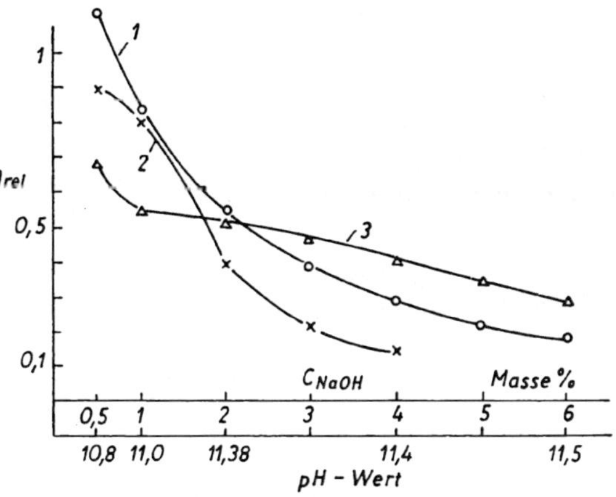

Bild 5. Einfluß der NaOH-Konzentration auf die Viskosität einer 5%igen Lösung des gepfropften Poly(MVP-MAS) Zusammensetzung der gepfropften Poly(MVP-MAS)-Kette:
Kurve 1 — MVP: 38 mol%, MAS: 62 mol%
Kurve 2 — MVP: 30 mol%, MAS: 70 mol%
Kurve 3 — MVP: 32 mol%, MAS: 68 mol%

wie die Viskosität der Cellulosexanthogenatlösung. Eine Erhöhung des pH-Wertes des Mediums führt zu einer starken Viskositätsabnahme sowohl der Viskose als auch des in Lösung befindlichen Copolymeren. Jedoch ist diese Veränderung bei der Lösung des Pfropfcopolymeren erheblich deutlicher, und bei pH = 11,8 (4% NaOH) ist die Viskosität der Lösung des Pfropfcopolymeren geringer als die Viskosität der Viskoselösung gleicher Konzentration. Die Viskositätsabnahme der Lösung des Pfropfcopolymeren ist von einer Trübung begleitet (Bild 5, Kurve 2), die von der Bildung eines mikroheterogenen Systems zeugt.

Die Stabilität dieses Systems ist durch die Verseifungsdauer der Xanthogenatgruppen des Cellulosexanthogenats bestimmt, die in die Zusammensetzung des Copolymeren eingehen. Die hohe Aggregationsbeständigkeit ist in diesem Fall durch einen Löslichkeitseffekt der Gelteilchen durch die aufgepfropften

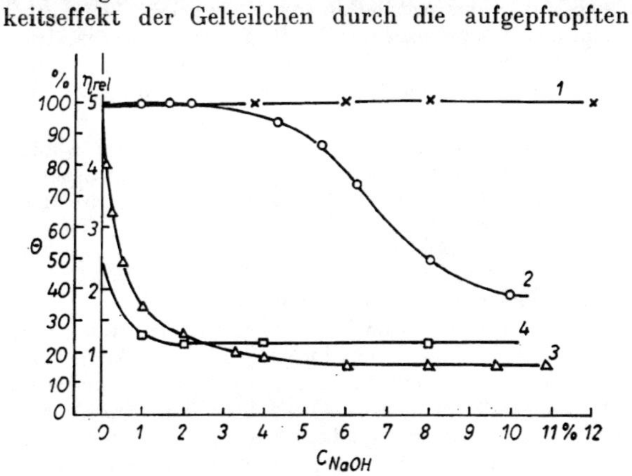

Bild 6. Einfluß der NaOH-Konzentration der Lösung auf die Viskosität und Trübung auf 0,5%ige Lösungen von Cellulosexanthogenat-Poly(MVP-MAS)-Pfropfcopolymeren
Kurve 1 — Trübung der Viskoselösung
Kurve 2 — Trübung der Cellulosexanthogenat/Poly(MVP-MAS)-Pfropfcopolymeren
Kurve 3 — Viskosität der Cellulosexanthogenat/Poly-(MVP-MAS)-Pfropfcopolymeren
Kurve 4 — Viskosität der Viskoselösung

Ketten der Makromoleküle des Cellulosexanthogenats bestimmt, das in 4- bis 6%iger NaOH-Lösung gut löslich ist. Es ist interssant zu erwähnen, daß bei einem vorsichtigen Zusetzen von verdünnten Säuren bei pH = = 10 bis 9,5 zu den von uns erhaltenen mikroheterogenen Systemen die disperse Phase praktisch verschwindet und es wieder zur Bildung einer klaren und viskosen Lösung kommt.

Die oben beschriebenen Effekte treten auch bei vergleichsweise konzentrierten (7%) Lösungen des Pfropfcopolymeren auf. So war z. B. die effektive Viskosität einer Lösung des Pfropfcopolymeren in 6%iger NaOH-Lösung bei einer Schubspannung von $\tau = 6{,}5 \times 10^4$ dyn/cm² nur Zweidrittel der Viskosität einer viskosen Lösung gleicher Konzentration (3,5 P/2,25P).

Somit zeigen die durchgeführten Untersuchungen die prinzipielle Möglichkeit der Herstellung alkalischer Lösungen von CX-(MVP-MAS)-Pfropfcopolymeren, die in der gepfropften Kette bis zu 38 mol% MVP und 62 mol% MAS enthalten. Die Viskosität dieser Lösungen hängt weitgehend von der NaOH-Konzentration ab und verringert sich mit zunehmendem Alkaligehalt durch Verknäuelung der gepfropften Ketten.

Schlußfolgerungen

1. Zwecks Herstellung von modifiziertem Viskosefaserstoff mit Polyampholyteigenschaften wurden Pfropfcopolymere der Cellulose mit Copolymeren aus 2-Methyl-5-vinyl-pyridin und Methacrylsäure synthetisiert.
2. Die grundlegenden Gesetzmäßigkeiten der Synthese von Pfropfcopolymeren der Cellulose mit dem Copolymeren von Methylvinylpyridin und Methacrylsäure wurden untersucht.
3. Es wurde gezeigt, daß das benutzte Redoxsytem Cellulosexanthogenat/$(NH_4)_2S_2O_8$ die Reaktion bei Normaltemperatur durchzuführen gestattet und daß man Pfropfcopolymere mit hohem Gehalt des aufgepfropften Polyelektrolyten und unterschiedlicher Zusammensetzung der gepfropften Kette erhält. Die Pfropfausbeute beträgt 70 bis 90%.
4. Der Xanthogenierungsprozeß der Pfropfcopolymerisationsprodukte der Cellulose sowie die Alkalilöslichkeit der erhaltenen Xanthogenate wurden untersucht.
5. Es wurde gezeigt, daß die Löslichkeit der Xanthogenate der Pfropfprodukte durch den Gehalt von Methylvinylpyridin in der gepfropften Kette und durch die Menge der aufgepfropften Polymeren bestimmt ist.
6. Ferner wurden einige Eigenschaften der Lösungen von gepfropften Ketten untersucht, die aus den Pfropfcopolymerisationsprodukt abgetrennt wurden. Dabei zeigte sich, daß eine Viskositätsveränderung von verdünnten Lösungen der Pfropfkomponente in Abhängigkeit vom pH-Wert der Lösung durch eine multimodale Kurve charakterisiert ist, die bei pH = 2,8 bis 3,2 und pH = 9 bis 9,5 stark ausgeprägte Maxima aufweist. Die Viskosität der verdünnten Lösungen der Pfropfkomponente nimmt bei Zunahme der NaOH-Konzentration von 0,5 auf 4% stark ab.
7. Bei einer Untersuchung der Eigenschaften verdünnter und konzentrierter Lösungen der Xanthogenate von

Cellulose/Poly(MVP-MAS)-Pfropfcopolymeren ergab sich, daß eine Erhöhung der NaOH-Konzentration in der Lösung von 0,5 auf 4% zu einer Viskositätsabnahme der Lösungen führte, die von einer erhöhten Trübung und dem Ausfallen des Pfropfcopolymeren in eine disperse Phase begleitet ist.

Literatur

[1] *Tjuganova, M. A.*, und *Mazov, M. Ju.*: Stand und Aussichten für die Herstellung und den Einsatz von Ionenaustauscherfaserstoffen. Ž. vsesojuz. chim. Obšč. Mendeleeva (Z. chem. Allunions. Mendelejew-Ges.) **17** (1972) 6, S. 654–658.

[2] *Dimov, K.*, und *Pavlov, P.*: Grafting with acrylonitrile with the redox system cellulose xanthogenate-hydrogen peroxide, J. Polymer Sci. A**7** (1969) S. 2775–2792.

[3] *Schlick, S.*, und *Levy, M.*: Block-polymers of styrene and isoprene with variable distribution of monomers along the polymeric chain. Synthesis and properties. J. chem. Physics **64** (1960) S. 883–886.

[4] *Bresler, S. E.*, *Pyrkov, L. M.*, *Frenkel', S. Ja.*, *Lajus, L. A.*, und *Klenin, S. I.*: Molekularkonstellation hydrodynamische und mechanische Eigenschaften des 4:5-Blockcopolymeren aus Styrol und Isopren. Vysokomol. Soed. (Hochmol. Verbind.) **4** (1962) 2, S. 250–255.

Eingegangen am 8. Oktober 1972

Untersuchungen zur Quellung und Lösung von Cellulose in aminhaltigen Flüssigkeitsgemischen

5. Mitt.: Zur Strukturveränderung von Cellulose durch Ammoniaklösungen[1])

Adel Koura und Harry Schleicher

Akademie der Wissenschaften der DDR, Institut für Polymerenchemie in Teltow-Seehof

DK 547.458.81:546.171.1-145.2:66.062.85:66.062.855.1:539.388.8:539.21:541.183.03

Die durch eine Behandlung von Cellulose mit Ammoniaklösungen verursachten Veränderungen des level off DP, des Wasserrückhaltevermögens, der Dampfsorption und der Acetylierbarkeit werden beschrieben. Bei Lösungen von Ammoniak in Wasser, DMSO oder Formamid tritt die Strukturveränderung der Cellulose etwa bei einem Verhältnis von 1 mol NH_3 pro mol Lösungsmittel in Erscheinung, während mit Äthanolamin lediglich 0,5 mol NH_3 und mit Morpholin 0,67 mol NH_3 pro mol Lösungsmittel erforderlich sind.

Исследование процессов набухания и растворения целлюлозы в содержащих амины смесях жидкостей
Сообщ. 5-е: Об изменении структуры целлюлозы под действием аммиачных растворов

Описаны вызванные обработкой целлюлозы аммиачными растворами изменения предельной степени полимеризации, способности к удержанию воды, сорбции паров и ацетилируемости. При обработке растворами аммиака в воде, ДМСО или формамиде изменение структуры целлюлозы протекает при соотношении приблизительно 1 моль NH_3 на моль растворителя, в то время как в этаноламине достаточно уже 0,5 моля NH_3, а в морфолине 0,67 моля NH_3 на моль растворителя.

Investigations on the Swelling and Dissolution of Cellulose in Mixtures of Liquids containing Amines
5th Comm.: Structural Chamges of Cellulose caused by Ammonia Solutions

The changes in level-off DP, moisture retention, vapor sorption and acetylation capability caused by treating cellulose with ammonia solutions are described. With solutions of ammonia in water, DMSO or formamide, structural changes of cellulose occur at about 1 mol NH_3 per mol of the solvent, while with ethanolamine only 0,5 mol NH_3 and with morpholine 0,67 mol NH_3 per mol of the solvent are sufficient to cause structural changes.

1. *Einleitung*

Die durch die Behandlung von Cellulose mit flüssigem Ammoniak erreichbare Strukturveränderung bestitzt erhebliches Interesse sowohl für die Veränderung der textilmechanischen Eigenschaften von Baumwolle, wie sie beim sogenannten Prograde-Prozeß [1] — ein dem Mercerisierverfahren vergleichbarer Prozeß — erreicht wird, als auch für die Aktivierung von Cellulose für nachfolgende chemische Umsetzungen. Über die Quellung von nativen Cellulosefasern durch flüssiges Ammoniak wurde zuerst von *Bernardy* [2] sowie *Barry*, *Peterson* und *King* [3] berichtet. *Hess* und *Trogus* [4], *Clark* und *Parker* [5] sowie *Hess* und *Gundermann* [6] zeigten, daß die Quellung in Ammoniak intrakristallin, mit Bildung einer Ammoniak-Cellulose-Verbindung verlief. Mit Ausnahme einer Arbeit von *Bernardy* [2], der festgestellt hatte, daß wäßrige Ammoniaklösungen die Struktur der Cellulose nicht verändern, sind uns keine Untersuchungen über die Beeinflussung der Cellulosestruktur durch Ammoniaklösungen bekannt geworden. Wir prüften daher, ob anstelle von flüssigem Ammoniak auch Ammoniaklösungen zur Strukturveränderung der Cellulose eingesetzt werden können und wie sich Ammoniakkonzentration und Lösungsmittel auf die Eigenschaften der behandelten Cellulosen auswirken.

1) 4. Mitt. s. [12].

2. *Versuchsmethodik*

Das Ammoniak wurde Stahlflaschen entnommen und unter Kühlung in die Flüssigkeiten eingeleitet. Zur Herstellung von Ammoniaklösungen mit hinreichend hoher Ammoniakkonzentration kommen nur relativ wenige Lösungsmittel in Betracht. Wie man aus Tabelle 1 ersehen kann, besitzt neben Wasser und Methylalkohol vor allem Äthanolamin eine gute Löslichkeit für Ammoniak. Wir verwendeten daher in der Hauptsache als Lösungsmittel Wasser und Äthanolamin und führten lediglich einige vergleichende Untersuchungen mit DMSO, Formamid, Morpholin und Methylalkohol aus, wobei wir teilweise zur Erzielung hinreichend hoher Ammoniakkonzentrationen bei relativ niedrigen Temperaturen oder unter Druck arbeiten mußten.

Als Cellulosepräparat diente normalerweise eine gebeuchte und gebleichte Baumwolle, die mit der 30fachen Menge Ammoniaklösung 1 h behandelt, danach mit kaltem Wasser

Tabelle 1. Löslichkeit von Ammoniak in verschiedenen Flüssigkeiten bei verschiedenen Temperaturen — Angaben in % gelöstes Ammoniak in der Lösung

Flüssigkeit	Temperatur					
	+20 °C	+10 °C	0 °C	-10 °C	-15 °C	-20 °C
Wasser	34	40	47	53	—	64
Methanol	—	—	18	35	46	—
Monoäthanolamin	9	10	11	15	19	24
Dimethylsulfoxid	1	5	6	—	—	—
Formamid	—	—	—	—	18	—
Morpholin	—	—	—	—	8	—

ausgewaschen und anschließend für die weiteren Untersuchungen eingesetzt wurde.

Zur Charakterisierung der behandelten Cellulose wurden die Bestimmung des level off DP nach Äthanolyse des Präparats [7], die Bestimmung der Dampfsorption bei 20 °C und 65% rel. Luftfeuchte und das Wasserrückhaltevermögen durch Bestimmung des Schleuderquellwertes [8] herangezogen. Zur Beurteilung der Reaktionsfähigkeit wurde außerdem eine Acetylierung durchgeführt [9], wobei 1 g Cellulose nach der Behandlung mit Ammoniaklösung mit Wasser ausgewaschen, das Wasser gegen Essigsäure ausgetauscht, die Probe mit 10 ml Essigsäure, 10 ml Hexan und 16 mg Perchlorsäure 1 h bei 25 °C behandelt, danach 20 ml Essigsäureanhydrid zugegeben, die Mischung durchgeschüttelt, 3 min nach Zugabe des Essigsäureanhydrids in Wasser gegossen und nach dem Auswaschen und Trocknen des Celluloseacetats der Essigsäuregehalt bestimmt wurde.

3. *Versuchsergebnisse*

3.1. Ergebnisse mit wäßrigen Ammoniaklösungen

Aus Untersuchungen von *Loeb* und *Segal* [10] war bekannt, daß bei der Einwirkung von wäßrigen Aminlösungen auf Cellulose Strukturveränderungen der Cellulose nur erreicht werden, wenn die Lösung pro mol Wasser mindestens 1 mol Amin enthält. Ein Molverhältnis von 1:1 entspricht bei wäßrigen Ammoniaklösungen einem Ammoniakgehalt von 48,6%. Wie sich aus den Bildern 1 bis 4 erkennen läßt, kann auch mit wäßrigen Ammoniaklösungen eine Strukturveränderung der Cellulose erreicht werden, wenn hinreichend hohe Ammoniakkonzentrationen angewandt werden, wobei allerdings ein gewisses Konzentrationsintervall existiert, in dem die Strukturveränderung allmählich erfolgt. Bemerkenswert ist, daß die von uns angewandten Meßgrößen zur Strukturcharakterisierung bei etwas unterschiedlichen Ammoniakkonzentrationen eine Strukturveränderung anzeigen. Während beim Wasserrückhaltevermögen mit 40% Ammoniak bereits nahezu der Maximalwert und bei der Dampfsorption etwa die Hälfte der Erhöhung erreicht wird, sind beim level off DP und in der Acetyliergeschwindigkeit erst bei Ammoniakkonzentrationen über 40% größere Effekte zu erreichen, wobei hier das Umwandlungsintervall bis zu einer Ammoniakkonzentration von etwa 55% reicht. Eine Erhöhung der Ammoniakkonzentration auf über 55% führt bei der Behandlung der Cellulose zu keiner weitergehenden bzw. zusätzlichen Strukturveränderung der Cellulose. Bei der Erniedrigung des level off DP bzw. der Erhöhung der Acetyliergeschwindigkeit liegt also die einem Molverhältnis von 1:1 entsprechende

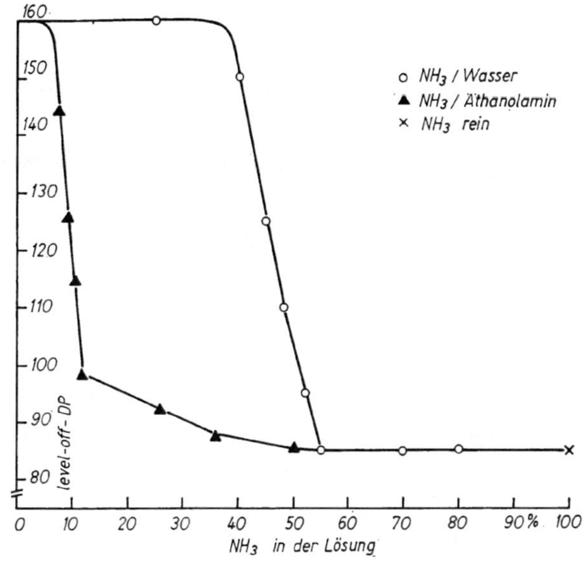

Bild 1. Einfluß der Ammoniakkonzentration auf den level off DP der behandelten Cellulose

Ammoniakkonzentration von 48,6% etwa in der Mitte des Umwandlungsintervalls, während es beim Wasserrückhaltevermögen das Ende des die Umwandlung beeinflussenden Konzentrationsintervalls darstellt. In den Bildern 1 bis 4 sind auch die mit flüssigem wasserfreiem Ammoniak erreichten Werte mit angegeben. Man sieht, daß beim Wasserrückhaltevermögen und im LODP mit wäßriger Ammoniaklösung die gleichen Werte wie mit flüssigem Ammoniak erreicht werden, während in der Acetyliergeschwindigkeit nach der Aktivierung mit flüssigem Ammoniak etwas höhere Werte als nach der Aktivierung mit wäßriger Ammoniak-

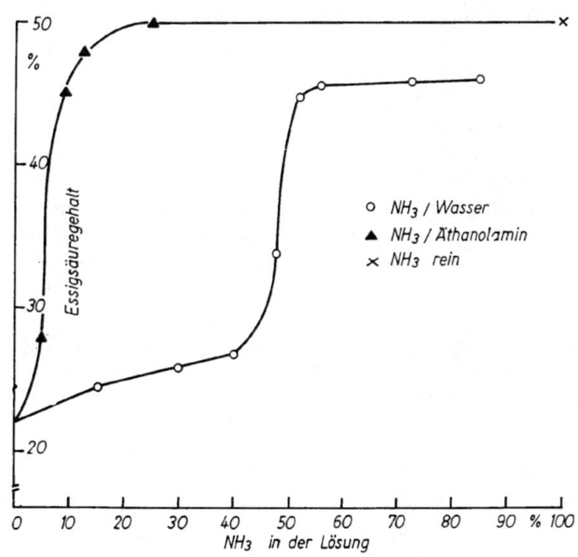

Bild 2. Einfluß der Ammoniakkonzentration auf die Acetyliergeschwindigkeit der behandelten Cellulose

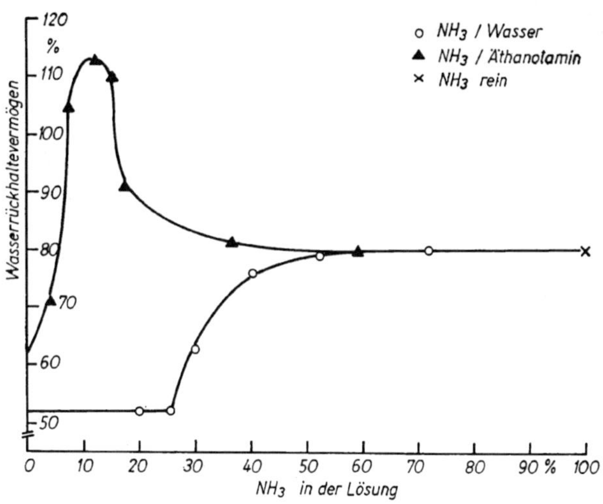

Bild 3. Einfluß der Ammoniakkonzentration auf das Wasserrückhaltevermögen der behandelten Cellulose

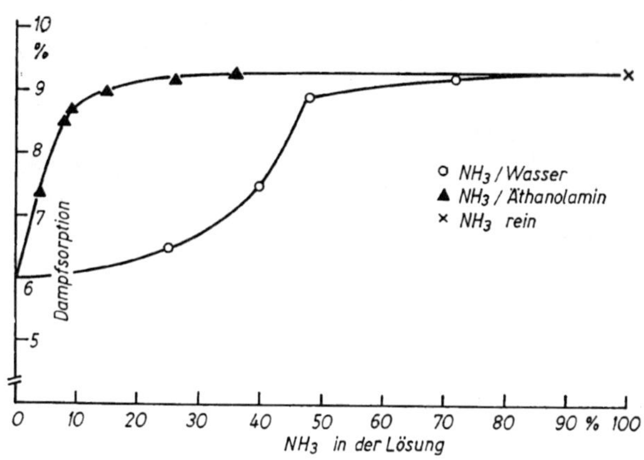

Bild 4. Einfluß der Ammoniakkonzentration auf die Dampfsorption der behandelten Cellulose

lösung erreicht werden. Wie man aus Tabelle 2 erkennen kann, hat die Temperatur, bei der die Cellulose mit der wäßrigen Ammoniaklösung behandelt wird, einen geringen Einfluß auf das Ausmaß der Strukturveränderung, indem mit sinkender Temperatur der LODP sinkt. Innerhalb der untersuchten Grenzen von 5 min bis 3 h Behandlungsdauer hat die Zeit keinen Einfluß auf die erreichte Strukturveränderung, d. h., daß bei den wäßrigen Ammoniaklösungen ebenso wie bei flüssigem Ammoniak die Strukturveränderung relativ rasch vonstatten geht.

3.2. Ergebnisse mit Lösungen von Ammoniak in Monoäthanolamin

Obwohl Äthanolamin ein primäres aliphatisches Amin darstellt, vermag es nicht wie Äthylamin, Äthylendiamin oder einige andere Amine in die kristallinen Bereiche der Cellulose einzudringen. Von *Davis, Barry, Peterson* und *King* [11] wurde dies auf die Anwesenheit der OH-Gruppe im Molekül zurückgeführt. Eine Behandlung von Cellulose mit Äthanolamin führt jedoch zu einer Erhöhung des Wasserrückhaltevermögens was darauf hindeutet, daß das Äthanolamin den Zustand der wenig geordneten Bereiche der Cellulose zu ändern vermag. Wie aus den Bildern 1 bis 4 hervorgeht, vermögen Ammoniaklösungen in Äthanolamin bereits bei niedrigeren molaren Ammoniakkonzentrationen als in Wasser eine Strukturveränderung der Cellulose herbeizuführen. Wir fanden, daß zur Strukturveränderung der Cellulose lediglich Lösungen mit Ammoniakgehalten um 12,2%, was einem Molverhältnis von 1 mol Ammoniak pro 2 mol Äthanolamin entspricht, erforderlich sind. Besonders erwähnenswert ist das ausgeprägte Maximum im Wasserrückhaltevermögen der Cellulose nach der Behandlung mit Ammoniak/Äthanolamin-Lösungen beim Molverhältnis 1:2. Dieser Befund deutet in Übereinstimmung mit früheren Ergebnissen von uns [12] darauf hin, daß im Gegensatz zu Wasser das Äthanolamin nicht nur die Rolle eines Verdünnungsmittels spielt, sondern selbst an der Reaktion beteiligt ist. Da das Wasserrückhaltevermögen vom Zustand der wenig geordneten Bereiche der Cellulose abhängig ist, läßt das Maximum im Wasserrückhaltevermögen den Schluß zu, daß durch die Behandlung der Cellulose mit den Ammoniak/Äthanolamin-Lösungen nicht nur das Verhältnis der hochgeordneten zu den wenig geordneten Bereichen verändert wird, sondern daß auch eine Veränderung in den wenig geordneten Bereichen eintritt.

Während bei der Behandlung von Cellulose mit flüssigem Ammoniak oder wäßrigen Ammoniaklösungen nach relativ kurzer Zeit ein Gleichgewichtswert erreicht wird, sind bei den Ammoniak/Äthanolamin-Lösungen, wie aus Tabelle 3 ersichtlich, relativ lange Zeiten zur Erreichung des Endzustandes erforderlich. Wir nehmen an, daß bei der Behandlung der Cellulose mit den Ammoniak/Äthanolamin-Lösungen zunächst das Ammoniak mit dem Äthanolamin ein Addukt bildet, das langsamer in das Cellulosegitter eindringt als reines Ammoniak.

Tabelle 2. Der Einfluß der Temperatur bei der Behandlung von Cellulose mit 55%iger wäßriger Ammoniaklösung auf den level off DP (Behandlungszeit: 1 h)

Behandlungstemperatur °C	LODP
20	104
10	101
0	93
−15	87
−33	84

Tabelle 3. Der Einfluß der Zeit bei der Behandlung von Cellulose mit 9%igen Ammoniaklösungen in Äthanolamin auf den level off DP (Behandlungstemperatur: 0 °C)

Behandlungsdauer	LODP
0 min	160
15 min	156
1 h	126
4 h	119
6 h	115
24 h	115

3.3. Ergebnisse mit Lösungen von Ammoniak in einigen anderen Flüssigkeiten

Da sich in Alkoholen relativ leicht größere Mengen Ammoniak lösen lassen, untersuchten wir, ob auch diese Lösungen zur Strukturveränderung der Cellulose eingesetzt werden können. Wir mußten jedoch feststellen, daß selbst Lösungen, die mehr als 1 mol Ammoniak pro mol Alkohol enthielten, den level off DP und WRV-Wert nicht veränderten.

Einige orientierende Messungen mit Lösungen von Ammoniak in Formamid und DMSO zeigten, daß ähnliche Verhältnisse wie bei wäßrigen Ammoniaklösungen vorliegen, d. h., die Lösung muß etwa 1 mol oder mehr Ammoniak pro mol Lösungsmittel enthalten, um damit etwa die gleiche Strukturveränderung wie mit reinem Ammoniak zu erreichen. Während mit Formamid und Wasser unter Atmosphärendruck gearbeitet werden konnte, mußte bei den DMSO-Lösungen zur Gewährleistung hinreichend hoher Ammoniakkonzentrationen unter erhöhtem Druck gearbeitet werden. Die hierbei erzielten Ergebnisse weisen darauf hin, daß für das Ausmaß der Strukturveränderung der Cellulose nicht etwa der Dampfdruck des Ammoniaks in der Lösung, sondern die molare Ammoniakkonzentration entscheidend ist.

Lösungen von Ammoniak in Morpholin nehmen hinsichtlich ihrer Strukturbeeinflussung von Cellulose eine gewisse Mittelstellung zwischen den Ammoniaklösungen in Äthanolamin und den anderen Lösungsmitteln ein. Wie aus Tabelle 4 hervorgeht, ist zur Strukturveränderung der Cellulose eine Ammoniakkonzentration erforderlich, die etwa einem Verhältnis von 2 mol NH_3 pro 3 mol Morpholin entspricht. Obwohl Morpholin eine starke Base ist, vermag es ebenso wie Äthanolamin allein nicht in die kristallinen Bereiche der Cellulose einzudringen [13]. Das von 1:1 abweichende Molverhältnis deutet jedoch darauf hin, daß das Morpholin nicht nur die Rolle eines Verdünnungsmittels spielt, sondern das Eindringen des Ammoniaks in das Cellulosegitter begünstigt.

Tabelle 4. Level off DP und Wasserrückhaltevermögen von Baumwollcellulose nach der Behandlung mit Ammoniaklösungen verschiedener Lösungsmittel

Lösungsmittel	Ammoniakkonzentration %	Molverhältnis Ammoniak zu Lösungsmittel	LODP	WRV %
unbehandelte Cellulose zum Vergleich			160	52
—	100	—	85	80
Methanol	46	1,6	164	—
Glykol	25	1,25	160	52
Formamid	23	0,85	158	—
Formamid	31	1,19	96	—
DMSO	0	—	160	54
DMSO	7	0,34	126	75
DMSO	18	1,01	98	91
Morpholin	0	—	160	55
Morpholin	9,0	0,51	132	85
Morpholin	11,6	0,67	112	90
Morpholin	16,0	0,98	106	85

4. Zusammenfassende Diskussion

Ausgehend von der Strukturveränderung von Cellulose durch Behandlung mit flüssigem Ammoniak, fanden wir, daß auch Lösungen von Ammoniak zur Strukturveränderung der Cellulose geeignet sind, wenn sie hinreichend hohe Ammoniakmengen enthalten. Zur Charakterisierung der Strukturveränderung der Cellulose wurden der level off DP, das Wasserrückhaltevermögen, die Dampfsorption und der bei der Acetylierung nach 3 min erreichte Essigsäuregehalt herangezogen. Bei Ammoniaklösungen in Wasser, Dimethylsulfoxid und Formamid existiert in der Umgebung des Verhältnisses von 1 mol Ammoniak pro 1 mol Lösungsmittel ein Intervall in der Ammoniakkonzentration der Lösungen, in dem mit steigendem Ammoniakgehalt die Strukturveränderung der behandelten Cellulose zunehmend stärker in Erscheinung tritt und schließlich einen Maximalwert erreicht. Während beim Wasserrückhaltevermögen beim Molverhältnis von 1:1 bereits der Maximalwert erreicht ist, liegt bei den Kenngrößen „level off DP" und „Essigsäuregehalt" die dem Molverhältnis 1:1 entsprechende Ammoniakkonzentration in der Mitte des Intervalls.

Alkoholische Ammoniaklösungen führen zu keinen Strukturveränderungen der Cellulose, wobei es gleichgültig ist, ob als Lösungsmittel für das Ammoniak das die Cellulose ohne Ammoniakzusatz nur schwach quellende Methanol oder das mittelstark quellende Glykol [14] verwendet wird.

Monoäthanolamin und Morpholin nehmen als Lösungsmittel eine Sonderstellung ein, da hier bereits bei einem Verhältnis von 1 mol NH_3 pro 2 mol Äthanolamin bzw. 2 mol NH_3 pro 3 mol Morpholin, also bei geringeren molaren Konzentrationen als bei den anderen Lösungen, eine Strukturveränderung der Cellulose eintritt. Das deutet darauf hin, daß diese Substanzen das Eindringen des Ammoniaks in das Cellulosegitter begünstigen und das durch Ammoniak aufgeweitete Gitter der Cellulose noch weiter aufweiten. Möglicherweise wird als Folge davon bei unter dem Optimum liegenden Ammoniakkonzentrationen auch ein tieferes Eindringen des Ammoniaks in das Cellulosegitter ermöglicht. Beim Verhältnis 1 mol NH_3 pro 2 mol Äthanolamin zeigt die behandelte Cellulose ein stark ausgeprägtes Maximum im Wasserrückhaltevermögen, während mit den Ammoniak/Morpholin-Lösungen beim Molverhältnis 2:3 und bei den Ammoniak/DMSO-Lösungen beim Molverhältnis 1:1 nur ein schwaches Maximum und bei den wäßrigen Ammoniak-Lösungen gar kein Maximum im Wasserrückhaltevermögen der behandelten Cellulose auftritt.

Wie in vorhergehenden Mitteilungen [12, 15] bereits erwähnt, vermögen Lösungen von Ammoniak in Äthanolamin oder DMSO nicht nur Cellulose unter Strukturveränderung zu quellen, sondern auch abgebaute Cellulose zumindest teilweise zu lösen.

Herrn Professor Dr. *B. Philipp* gilt unser Dank für fördernde Hinweise. Herrn *Alfred Kaiser* danken wir für die gewissenhafte Mitarbeit.

Literatur

[1] Liquid ammonia treatment of cellulosic textiles. Papers presented at the Conference at Belle Vue, Manchester/England, Thursday 17th November 1970. Published by the Shirley Institutes, Manchester/England.

[2] *Bernardy, G.:* Über die Einwirkung von Ammoniak auf Baumwollcellulose. Z. angew. Chemie **38** (1925) S. 1195 bis 1197.

[3] *Barry, A. J., Peterson, F. C.,* und *King, A. J.:* X-ray studies of reactions of cellulose in nonaqueous systems. I. Interaction of cellulose and liquid ammonia. J. amer. chem. Soc. **58** (1936) S. 333—337.

[4] *Hess, K.,* und *Trogus, C.:* Über Ammoniak-Cellulose. Ber. dt. chem. Ges. **68** (1935) S. 1986—1988.

[5] *Clark, G. L.,* und *Parker, E. A.:* X-ray diffraction study of the action of liquid ammonia on cellulose and its derivatives. J. physic. Chem. **41** (1937) S. 777—786.

[6] *Hess, K.,* und *Gundermann, J.:* Über die Einwirkung von flüssigem Ammoniak auf Cellulosefasern (Bildung von Ammoniak-Cellulose I, Ammoniak-Cellulose II und Cellulose III). Ber. dt. chem. Ges. **70** (1937) S. 1788 bis 1799.

[7] *Philipp, B.,* und *Baudisch, J.:* Strukturuntersuchungen an Celluloseregeneratfäden mit chemischen Accessibilitätsmethoden. 2 Mitt.: Erkennung von Zellstoff- und Modifikatoreinflüssen auf die Struktur von Cordreyonfäden mittels Umsetzungen in sauren Medien. Faserforsch. u. Textiltechnik **16** (1965) 4, S. 173—180.

[8] *Höpner, Th., Jayme, G.,* und *Ullrich, J. C.:* Bestimmung des Wasserrückhaltevermögens (Quellwertes) von Zellstoffen. Papier **9** (1955) S. 476—482.

[9] *Loeb, L.,* und *Segal, L.:* The chemical reactivity of ethylamine-treated cotton as indicated by acetylation. Textile Res. J. **24** (1954) S. 654—658.

[10] *Loeb, L.,* und *Segal, L.:* The treatment of cotton cellulose with aqueous solutions of ethylamine. Textile Res. J. **25** (1955) S. 516—519.

[11] *Davis, W. E., Barry, A. J., Peterson, F. C.,* und *King, A. J.:* X-ray studies of reactions of cellulose and primary amines. J. amer. chem. Soc. **65** (1943) S. 1294—1299.

[12] *Schleicher, H., Linow, K.-J.,* und *Schubert, K.:* Untersuchungen zur Quellung und Lösung von Cellulose in aminhaltigen Flüssigkeitsgemischen. 4. Mitt.: Zum Verhalten von Cellulose in ammoniak- und salzhaltigen Lösungsmittelsystemen. Faserforsch. u. Textiltechnik **23** (1972) 8, S. 335—340.

[13] *Betrabet, S. M., Duruwalla, E. H.,* und *Lockhande, H. T.:* Intercrystalline swelling in morpholine-treated cotton cellulose. Textile Res. J. **36** (1966) S. 684—686.

[14] *Philipp, B., Schleicher, H.,* und *Wagenknecht, W.:* The influence of cellulose structure on the swelling of cellulose in organic liquids. J. Polymer Sci. (im Druck).

[15] *Koura, A., Schleicher, H.* und *Philipp, B.:* Untersuchungen zur Quellung und Lösung von Cellulose in aminhaltigen Flüssigkeitsgemischen. 2. Mitt.: Untersuchungen zur Löslichkeit von Cellulose in Dimethylsulfoxid/Amin-Gemischen. Faserforsch. u. Textiltechnik **23** (1972) 3, S. 128—133.

Eingegangen am 8. September 1972

Neue Bücher

Polymer Characterization — Interdisciplinary Approaches. Hgg. von *Clara D. Craver.* New York/London: Plenum Press 1971. VIII, 279 S., Lwd. £ 16,50.

Dieses Buch enthält erweiterte Fassungen der Vorträge, die im September 1970 in Chicago auf einem von der American Chemical Society veranstalteten Symposium über „Interdisciplinary Approaches to the Characterization of Polymers" gehalten wurden. Die Erweiterungen betreffen die Abbildungen, neuere Ergebnisse und die Bibliographien. Insgesamt wurden 18 Arbeiten über die Anwendung verschiedener Methoden zur chemischen und physikalischen Charakterisierung der Polymeren aufgenommen.

Vier Arbeiten befassen sich mit der Laser-Ramanspektroskopie. Darunter befinden sich eine Übersichtsarbeit von *F. J. Boerio* und *J. L. Koenig* und ein ausführlicher Bericht von *W. L. Peticolas* u. a. über die Vor- und Nachteile der Ramanspektroskopie bei der Untersuchung von Biopolymeren. Über den Einfluß von Strukturänderungen auf das Ramanspektrum von Polyestern berichtet *G. E. McGraw.* Die Anwendung spezieller Präparationsverfahren der Ultrarotspektroskopie wird in Arbeiten von *R. J. Jakobsen* über Chemie und Spektroskopie der Polymeren bei hohen Drücken und von *R. J. Pearson* über die Analyse von Polymeroberflächen und Polymerüberzügen beschrieben. Zwei Arbeiten über thermische Analysenverfahren haben DSC-Messungen an Polypropylen und die Glasübergangstemperaturen von aromatischen Polymeren zum Inhalt. Die hochauflösende Kernresonanzspektroskopie wurde zur Analyse von Emulsionspolymeren und zur Bestimmung der Sequenzverteilung in Butadien/Acrylnitril-Copolymeren eingesetzt. Besondere Erwähnung verdienen Arbeiten, die sich mit dem kombinierten Einsatz verschiedener analytischer Methoden zur Lösung anstehender Probleme befassen. So berichten *R. E. Baier* und *G. J. Loeb* über die Kombination von Spreitungsmessungen, Vielfachreflexions-Ultrarotspektroskopie, optischer Rotationsdispersion und Kontaktwinkelmessungen für die Untersuchung von Grenzflächenstrukturen eines Proteins. *D. G. Anderson* und *K. E. Isakson* analysierten die mit Hilfe der Gelchromatographie erhaltenen Fraktionen von Copolymeren ultrarotspektroskopisch. In zwei Arbeiten werden die theoretischen und experimentellen Grundlagen der Lumineszenzspektroskopie behandelt, wobei u. a. auf die Analyse von Fremdstoffen und Schädigungen und auf die Bestimmung der Segmentlängenverteilung der aromatischen Komponenten in Copolymeren eingegangen wird. Weitere Kapitel des Buches befassen sich mit Ferrocen-Polymeren, der Sinterung von Polymerpulvern und der Gaschromatographie.

Die im Durchschnitt 15 Seiten langen Arbeiten sind bis auf wenige oben erwähnte Ausnahmen nicht als Übersichtsarbeiten über die Anwendung bestimmter physikalisch-chemischer Methoden zur Polymercharakterisierung anzusehen, sondern es sind Berichte über spezielle Untersuchungen, wie man sie auch in Fachzeitschriften findet. Der besondere Wert des Buches liegt darin, daß eine Vielzahl von Methoden vorgestellt wird, die gewöhnlich nicht an einer Stelle vorhanden oder bekannt sind. Ein eingehenderes Studium der verschiedenen in dem Buch zusammengefaßten Arbeiten vermag dem Leser Hinweise zu geben, wie er die eine oder andere Methode mit Vorteil zur Lösung seiner Probleme einsetzen kann. Aus diesem Grunde kann die Anschaffung des Buches überall dort empfohlen werden, wo man sich mit der Untersuchung von Polymeren beschäftigt.

J. Dechant

A Programmed Introduction to Infrared Spectroscopy. Von *B. W. Cook* und *K. Jones.* London/New York/Rheine: Heyden & Son 1972. XV, 192 S. Brosch. £ 1,50.

Das Buch ist dazu bestimmt, dem Anfänger auf dem Gebiet der Ultrarotspektroskopie die notwendigsten Grundkenntnisse zu vermitteln. In acht Teilprogrammen (Einführung, Spektrometer-Bauteile, Betrieb eines Spektrometers, grundlegende Theorie, Probenvorbereitung, quantitative Analyse, Fehlererkennung und Interpretation der Spektren) werden die Grundtatsachen kurz erläutert. Am Ende kleiner Abschnitte werden Kontrollfragen gestellt, deren Beantwortung den Leser auf weitere Seiten verweist, wo bei richtiger Antwort das Programm weitergeführt wird, während bei falscher Antwort weitere Erläuterungen oder Hinweise gegeben werden. Es werden keinerlei Kenntnisse über die Spektroskopie vorausgesetzt. Dies ist nach Ansicht des Rezensenten eine Schwäche des Buches, denn, um ein Beispiel zu nennen, die Wirkungsweise eines Glasprismas sollte aus der Schulphysik allgemein bekannt sein. Dagegen sind vergleichsweise gute Kenntnisse in der organischen Chemie erforderlich, um alle Kontrollfragen korrekt beantworten zu können. Damit ist schon angedeutet, daß sich das Lehrprogramm vor allem an den Chemielaboranten wendet, der im Spektrometerlabor arbeitet. Für nichtenglischsprachige Länder wäre jedoch eine Übersetzung des Buches wünschenswert, denn der angesprochene Nutzerkreis wird die im Buch verwendeten englischen Fachtermini nur dann beherrschen, wenn auch Grundkenntnisse über Ultrarotspektroskopie bereits vorhanden sind. Das Buch kann auch dem Studenten oder Wissenschaftler empfohlen werden, der sich mit nur geringen einschlägigen Vorkenntnissen schnell in die praktische Ultrarotspektroskopie einarbeiten will. *J. Dechant*

Introductory Group Theory and its Application to Molecular Structure. Von *J. R. Ferraro* und *J. S. Ziomek.* New York: Plenum Press 1969. XIII, 240 S. Geb. £ 7,00.

Das Buch ist aus Erfahrungen entstanden, die die Autoren bei der Durchführung von Seminaren für Spektroskopiker und fortgeschrittene Studenten gesammelt haben. Es werden keine besonderen mathematischen Kenntnisse vorausgesetzt. Der Zugang zur Gruppentheorie erfolgt nicht abstrakt-mathematisch, sondern der Leser wird auf empirischem Weg an Hand von Beispielen mit der Gruppentheorie und ihrer Anwendung in der Molekülspektroskopie vertraut gemacht.

Die ersten beiden Kapitel behandeln den allgemeinen Symmetriebegriff und die Symmetrie in der Chemie. Nach der ausführlichen Darstellung der Symmetrieelemente werden die Punktgruppen und die Klassifizierung von Molekülen in Punktgruppen eingeführt. Das dritte Kapitel enthält einige elementare Grundlagen der Gruppentheorie, wie die Definition von Gruppen, Untergruppen und Klassen, die Matrizen als Gruppenelemente und die Darstellung von Gruppen. Im vierten Kapitel werden die Charaktertafeln eingeführt, wobei die Autoren weniger Wert auf ihren Zusammenhang mit der Gruppentheorie als auf ihre praktische Handhabung für die Bestimmung der Auswahlregeln legen. Einige Beispiele für die Aktivitätskriterien und die Bestimmung der Anzahl der aktiven Schwingungen werden im fünften Kapitel ausführlich vorgerechnet. Die folgenden Kapitel befassen sich mit der Anwendung der Gruppentheorie bei der Normalkoordinatenanalyse. Nach einer sehr knapp gehaltenen Vorstellung der gebräuchlichsten Potentialkraftfelder wird die Methode an einer Reihe einfacher Moleküle illustriert. Den Abschluß des Buches bildet ein Anhang, der einige Tabellen, z. B. zur Umrechnung der Wellenlänge in die Wellenzahl, sowie nähere Erläuterungen zur Berechnung thermodynamischer Funktionen aus spektroskopischen Daten und zur Berechnung der Elemente der G-Matrix enthält.

Das Buch eignet sich gut für den Anfänger auf dem Gebiet der Molekülspektroskopie, der sich mit der Anwendung der Gruppentheorie vertraut machen will. Für ein tieferes Verständnis der Gruppentheorie muß auf ausführlichere Werke verwiesen werden. Durch die zahlreichen Tabellen ist das vorliegende Buch auch als Nachschlagewerk sehr wertvoll; ein Verzeichnis der in den einzelnen Kapiteln verstreuten Tabellen würde den Nutzen noch erhöhen. Die Anschaffung des Buches ist allen an der Molekülspektroskopie interessierten Arbeitsstellen bestens zu empfehlen. Ein sehr wertvolles Hilfsmittel kann es bei der Durchführung von Vorlesungen und Seminaren sein. *J. Dechant*

Das wissenschaftliche Werk von Hermann Staudinger. Gesammelte Arbeiten nach Sachgebieten geordnet. Band 2, Teil I: Arbeiten über Cellulose und Cellulosederivate. Hgg. von *Magda Staudinger* unter Mitwirkung von *Heinrich Hopff* und *Werner Kern.* Basel/Heidelberg: Hüthig & Wepf 1972. XI, 651 Seiten. Ganzlwd. DM 78,—.

Der vorliegende Band erschließt der heute tätigen Generation von Polymerchemikern in übersichtlicher und geschlossener Form einen wesentlichen Teil vom Lebenswerk des Begründers unseres Fachgebietes, indem in Buchform ein fotomechanischer Nachdruck seiner in zahlreichen Zeitschriften verstreuten Originalarbeiten auf dem Gebiet der Cellulose vorgelegt wird. Die dabei gewählte Anordnung nach Sachgebieten kann als außerordentlich zweckmäßig und informativ eingeschätzt werden. Die beiden einleitenden Arbeiten über polymeren Formaldehyd als Modell der Cellulose und über die Konstitution der Hochpolymeren verdeutlichen so recht das damalige Ringen um den uns heute so selbstverständlichen Molekülbegriff bei polymeren Stoffen.

Den größten Raum nimmt das anschließende Kapitel über Celluloseacetate und Celluloseäther ein, in dem schon in den Titeln der Arbeiten die für *Staudinger* so charakteristische Einheit von präparativer und analytischer Denk- und Arbeitsweise auf dem Polymergebiet zum Ausdruck kommt.

Die anschließenden kürzeren Abschnitte enthalten die Arbeiten über Cellulosenitrate, über Fehlstellen im Cellulosemolekül unter besonderer Betonung der Kettenlängendifferenz zwischen Cellulose und Cellulosenitrat, die Arbeiten über Cellulosexanthogenate sowie in einem Abschnitt zusammengefaßt verschiedene, nicht direkt einem Sachgebiet zuordenbare Arbeiten, vor allem zu Problemen des Abbaus und der Löslichkeit von Cellulose. Es ist beinahe trivial festzustellen, daß das vorliegende, auch von der äußeren Ausstattung her sehr ansprechende Buch in keiner polymerchemischen Bibliothek fehlen sollte. Eröffnet es doch den Zugang zu zahlreichen viel zitierten, aber heute oft schwer erreichbaren Originalarbeiten, aus denen der in Forschung und Praxis stehende Cellulosechemiker auch heute noch zahlreiche wertvolle Informationen und Anregungen schöpfen kann, und gibt es doch darüber hinaus einen Einblick in die Denk- und Arbeitsweise einer der bedeutendsten Forscherpersönlichkeiten auf unserem Fachgebiet. *B. Philipp*

Chemical Aftertreatment of Textiles. Von *H. Mark, N. S. Wooding* und *S. M. Atlas.* New York/London/Sydney/Toronto: Wiley-Interscience. 8°. X, 638 S. Lwd. £ 14,—.

Seit der ersten im Jahre 1925 von der Firma Tootal, Broadhurst und Lee erfolgreich angewendeten Harzbehandlung von Textilien auf Cellulosebasis hat die chemische Nachbehandlung von Textilien einen ungeahnten Aufschwung genommen. Ermöglicht wurde diese Entwicklung durch eine sich immer mehr vertiefende Zusammenarbeit zwischen der Textilindustrie und den Kunstharzherstellern.

War es zunächst der Wunsch, durch eine Harzbehandlung Dimensionsänderungen der textilen Erzeugnisse weitgehend einzuschränken und die Knitterfestigkeit zu verbessern, so ist es jetzt in Verbindung mit neuentwickelten chemischen Produkten möglich, auch andere Effekte zu erzielen (z. B. verringerte elektrische Aufladung, verbesserte Schmutzabweisung, Schwerentflammbarkeit, bakterizide und fungizide Ausrüstung usw.).

Das vorliegende Werk gibt einen Überblick über den gegenwärtigen Stand der chemischen Nachbehandlung von Textilien, wobei alle praktisch wichtigen Kunstharze, Reaktants und speziellen Nachbehandlungsverbindungen mit ihrer Anwendung auf verschiedenen Fasern in physikalischer und chemischer Sicht besprochen werden. Das Buch gliedert sich in 11 Hauptabschnitte, an deren Gestaltung 19 international bekannte Autoren mitgearbeitet haben. Die ersten Kapitel behandeln die physikochemischen Aspekte der Nachbehandlung, die späteren Kapitel befassen sich mit den einzelnen polymeren Ausrüstungsverfahren sowohl in theoretischer als auch in anwendungstechnischer Hinsicht.

Die Hauptabschnitte behandeln folgende Themen: Klassifizierung der Nachbehandlungsverbindungen, Durchdringung von Fasern und Geweben, Quellen und Schrumpfen unbehandelter Erzeugnisse, Bildung von Polymeren in situ (vernetzend wirkende Verbindungen, chemische Gesetzmäßigkeiten der Harzausrüstung von Baumwolle, Herstellung von Polymeren durch Polyaddition), Harze aus Polykondensationsverbindungen (Harnstoff/Formaldehyd-, Melamin/Formaldehyd-, Methylolverbindungen), Harze aus Polyadditionsverbindungen (Epoxide, Epimine, Diisocyanate, Divinylsulfone), Wash-and-Wear-Artikel, Flecken- und Schmutzresistenz, bakterizide und fungizide Ausrüstungen, allgemeiner Überblick über die bisherige Entwicklung der textilen Ausrüstung, Umweltgefahren der modernen Textilausrüstung. Jedes Kapitel wird durch ein umfangreiches Literaturverzeichnis ergänzt. Den Schluß des Buches bildet ein Sachverzeichnis. Der Text des Buches ist klar und gut gegliedert; er wird durch zahlreiche graphische Darstellungen und Tabellen vorteilhaft ergänzt.

Es ist nicht zu bezweifeln, daß das Werk „Chemical Aftertreatment of Textiles“ trotz seines verhältnismäßig hohen Preises in den interessierten Kreisen der Textilindustrie und in den Forschungsstätten eine gute Aufnahme finden wird. *G. Hirsch*

Permselective Membranes. Hgg. von *C. E. Rogers.* New York: Marcel Dekker 1971. XI, 206 Seiten. Geb. $ 14,50.

Dieser Band enthält 11 ausgewählte Beiträge des Symposiums für „Permselective Membranes", das im September 1969 von der Amerikanischen Chemischen Gesellschaft, der Division für Polymerchemie und der Division für Kolloid- und Oberflächenchemie, in New York City veranstaltet wurde. Die ersten Publikationen erfolgten im Journal of Macromolecular Science (Physics), Volume B 5, Nr. 1 (1971). Der Inhalt der Arbeiten auf dem Gebiet der permselektiven Arbeiten ist sehr weit gespannt, er betrifft sowohl theoretische Aspekte des Transportverhaltens, neue und unkonventionelle Methoden für die Membranherstellung und -modifizierung als auch die Einflüsse der experimentellen Bedingungen auf die Permselektivität der Membranen für ionische und nichtionische permeierende Substanzen in Gas- und Flüssigphase.

Im einzelnen beschäftigen sich fünf Beiträge mit Untersuchungen zur Gaspermeation durch verschiedene synthetische Polymermembranen. So untersuchen *Sun-Tak Hwang* u. a. den Transport von in Wasser gelöstem Sauerstoff durch eine Silicongummimembran in Abhängigkeit von der Membrandicke, der Temperatur und des Konzentrationsniveaus unter stationären und nichtstationären Bedingungen.

Der Artikel von *K. D. Ziegel* befaßt sich mit dem Gastransport (N_2, O_2, Ar und H_2) in thermoplastischen Polyurethanen. Dem Transport von Edelgasen in Polymethylmethacrylat (PMA) ist die Arbeit von *W. H. Burgess* u. a. gewidmet.

In einem anderen Artikel befassen sich *S. A. Stern* u. a. mit der Permeation von verschiedenen Gasen durch definierte Polyäthylenmembranen kommerzieller Herkunft bei hohen Drücken und Temperaturen von —10 bis 60 °C. Schließlich beschäftigen sich *R. J. Huang* und *P. J. F. Kanitz* in einem weiteren Beitrag mit der Gaspermeabilität und Trenncharakteristik von in Luft und unter Vakuum mit γ-Strahlen behandelten Teflon-Copolymerfilmen,

In den sechs folgenden Beiträgen ist die Permeation von organischen Flüssigkeiten, Ionen und Wasser durch synthetische Polymermembranen Gegenstand der Untersuchungen. *M. Fels* und *R. J. M. Huang* entwickeln ein theoretisches Modell für die Interpretation der Permeation von binären organischen Flüssigkeitsgemischen durch Polymerfilme, das eine angemessene Übereinstimmung mit experimentellen Daten liefert.

In einer umfassenden Arbeit beschäftigen sich *H. Yasuda* und *C. E. Lamaze* mit der Permselektivität von Lösungen in homogenen wassergequollenen Polymermembranen.

Mit der Bestimmung der Ionenaustauschselektivität einiger bivalenter Ionen mit H-Ionen in verschieden vernetzten Polystyrolsulfonat-Kationenaustauschern aus Gleichgewichtsionenverteilungs-Messungen in verdünnten Lösungen von Perchlorsäure und Polystyrolsulfonsäure bei 25 °C befassen sich *M. M. Reddy* und *J. A. Marinsky.*

Dem bedeutenden Problem des Ionen- und Wassertransports durch permselektive Membranen ist der Beitrag von *N. Lakshminarayanaiah* gewidmet.

In einem weiteren Artikel zur Flüssigkeitspermeation wird von *H. K. Londsdale* u. a. die Permeabilität von 2,5-Celluloseacetatfilmen für verschiedene Elektrolyte und Nichtelektrolyte untersucht. Schließlich berichten *C. E. Rogers* und *S. Sternberg* in einer theoretischen Arbeit über die Natur der selektiven Permeabilität von asymmetrischen, heterogenen Polymermembranen.

Das Symposium ging von der Tatsache aus, daß in den letzten Jahren im zunehmenden Maße offensichtlich geworden ist, daß das Gas-, Dampf- und Flüssigkeitspermeabilitätsverhalten von synthetischen Polymermembranen von großer grundlegender und praktischer Bedeutung ist. Dieser Forderung werden die ausgewählten Beiträge im Band „Permselective Membranes" gerecht, insbesondere mit dem Ziel, Mechanismen und Gesetzmäßigkeiten hinsichtlich Löslichkeit und Transport permeierender Stoffe in Polymersystemen nachzuweisen und Informationen über die Konkurrenz molekularer Prozesse im Zusammenhang mit der Polymerstruktur zu erhalten. Die Anwendung von genau charakterisierten permselektiven Membranen ist für viele neue Trenn- oder selektive Barrierenprozesse in diversen Bereichen der physikalisch-chemischen Forschung, der industriellen Technologie sowie der gesamten biologisch-medizinischen Problematik von Interesse.

Der vorliegende Band stellt insgesamt einen wertvollen Fundus für die Membranforschung dar und sollte für alle Polymerwissenschaftler und Verfahrenstechniker, aber auch für die Biologen und Physiologen, die mit der Membranstruktur und -funktion, Trenn- und Transportprozessen in Polymersystemen arbeiten, von Nutzen sein.

H.-J. Purz

Aktuelle Probleme der Polymer-Physik I. Hgg. von *E. W. Fischer* und *F. H. Müller.* Darmstadt: Steinkopff 1970. IV, 184 S. (S. 897—1079). Brosch. DM 50,—.

Diese Sonderausgabe der Kolloid-Zeitschrift und Zeitschrift für Polymere enthält 22 Vorträge der Arbeitstagung des Fachausschusses Physik der Hochpolymeren in der Frühjahrstagung 1970 des Regionalverbandes Hessen-Mittelrhein-Saar der Deutschen Physikalischen Gesellschaft in Darmstadt. Entsprechend dem Charakter der Tagung kam eine Vielfalt von Themen zur Sprache, die hier nur auszugsweise gewürdigt werden können. *J. Juilfs* befaßte sich im einleitenden Vortrag mit dem Deformationsverhalten und dem Bruch von fadenförmigen Polymeren unter besonderer Berücksichtigung der Bedeutung amorpher Schichten für diese Vorgänge. *R. Bonart* u. Mitarb. berichteten über die physikalische Struktur der Vernetzungen in Urethan-Elastomeren und die daraus folgenden anwendungstechnischen Eigenschaften. *H. G. Zachmann* u. Mitarb. hielten mehrere Vorträge über Untersuchungen am Polyäthylenterephthalat; u. a. über den Einfluß der Quellung und der Kristallisationsbedingungen auf die mechanische Relaxation und über eine Berechnung der Linienform des Kernresonanzsignals. In weiteren Vorträgen aus dem gleichen Arbeitskreis wurde über die Berechnung der Zustandssumme von Kettenmolekülen mit Konformationsbeschränkungen und über deren Bedeutung für die Kristallisation und für die Kautschukelastizität berichtet. *W. Pechhold, S. Blasenbrey* u. Mitarb. befaßten sich in einigen Vorträgen mit neueren Vorstellungen über die Konformation und Mikrostruktur in Polymerschmelzen und teilkristallinen Polymerfestkörpern. Sie entwickelten eine molekulare Theorie der Relaxationserscheinungen und des Deformationsverhaltens von Polymeren. Eine Reihe der auf der Tagung gehaltenen Vorträge hatte die optischen und elektrischen Eigenschaften des Polymerfestkörpers zum Inhalt, wobei vor allem auf die Phononenwechselwirkungen eingegangen wurde. *H. Baur* gab einen Bericht über die Wärmekapazität des kristallinen Polyäthylens mit einer theoretischen Begründung des Temperaturverlaufs. *F. H. Müller* u. Mitarb. berichteten über die kalorimetrische Untersuchung der Dehnungskristallisation und über die kalorimetrische Differenzierung verschiedener als amorph bezeichneter Zustände durch Messung der Lösungswärmen.

Zusammen mit einigen hier nicht erwähnten Vorträgen geben die in dem Band vereinigten Arbeiten einen guten Überblick über eine Reihe von zumindest zum Zeitpunkt der Tagung aktuellen Problemen der Polymerphysik, die aber größtenteils auch heute noch nichts von ihrer Aktualität eingebüßt haben, wie aus der teilweisen Wiederkehr der Thematik im Band II dieser Publikationsreihe ersichtlich ist. Eine gewisse Beschränkung der zur Sprache kommenden Themen ist dadurch gegeben, daß ausschließlich Autoren aus der BRD zu Wort kommen. *J. Dechant*

Aktuelle Probleme der Polymer-Physik II. Hgg. von *E. W. Fischer* und *F. H. Müller.* Darmstadt: Steinkopff 1971. VI, 114 S. Brosch. DM 50,—.

Der zweite Band dieser Reihe enthält die Vorträge der Arbeitssitzung des Fachausschusses Physik der Hochpolymeren in der Frühjahrstagung Berlin 1971 des Regionalverbandes Physikalische Gesellschaft zu Berlin. Ebenso wie im ersten Band kommt auch in den 17 hier abgedruckten Vorträgen eine Vielfalt von Themen zur Sprache. *H. Baur* berichtete über die Rolle von Phononenprozessen für die Wärmeleitfähigkeit und Visko-Elastizität von Polymer-Festkörpern. *R. Hoffmann* u. Mitarb. diskutierten die Zusammenhänge zwischen der Wärmekapazität von Polyacrylaten und Polymethacrylaten und den Schwingungsspektren der in der Kette enthaltenen chemischen Gruppen. Die optische Anregung akustischer Phononen in teilkristallinem Polyäthylenterephthalat untersuchte *V. Hoffmann.* In mehreren Vorträgen berichteten *R. Hosemann* u. Mitarb. sowie *H. G. Zachmann* u. Mitarb. über die Bestimmung von

Überstrukturen mit Hilfe der Röntgenkleinwinkelstreuung. *R. Perret* und *W. Ruland* beschrieben eine verbesserte Auswertemethode für die Röntgenkleinwinkelstreuung. Bemerkenswert ist ein Bericht von *G. Kämpf* u. Mitarb. über weitreichende gitterähnliche Strukturen in amorphen Butadien/Styrol-Blockcopolymeren. Festkörper mit derartigen bisher kaum untersuchten makroskopischen Gittern könnten neue interessante Eigenschaften aufweisen. Weitere Vorträge hielten *H. H. Kausch* über die thermo-mechanische Dissoziation belasteter Kettensegmente in Polyamid-6-Fasern, *W. Glenz* und *A. Peterlin* über die Bestimmung von Struktur und Orientierung in gerecktem Polyäthylen mit Hilfe der Ultrarotspektroskopie, *R. Kosfeld* über die Selbstdiffusion kleiner Moleküle in Polymeren, *G. Hinrichsen* und *H. Orth* über die Morphologie von Polyacrylnitril und *E. W. Fischer* und *G. Hinrichsen* über Schmelz- und Rekristallisationsvorgänge bei Polyäthyleneinkristallen.

Anhand der in den beiden Bänden zusammengefaßten Vorträge kann sich der Polymerforscher einen guten Überblick über den Stand und die Entwicklungstendenzen der Polymerphysik auf einer Reihe interessanter Gebiete verschaffen. Auf Grund des Titels hätte man vielleicht eine bessere Zusammenfassung der zueinander gehörenden Vorträge und eine deutlichere Herausstellung der offenen Probleme und deren Bearbeitung durch die verschiedenen Forschergruppen erwartet. Leider war es offenbar nicht möglich, die einzelnen Vorträge durch den Abdruck von Diskussionsbemerkungen zu ergänzen, die bei solchen Tagungen sicher sehr interessant und informativ sind. Auf alle Fälle dürfte diesen hochinteressanten Sonderbänden der Kolloid-Zeitschrift ein großer Leserkreis sicher sein. Ihre Anschaffung ist allen Polymerforschungsstellen dringend zu empfehlen.

J. Dechant

Analytical Atomic Absorption Spectrometry. Von *W. J. Price.* London/New York/Rheine: Heyden & Son 1972. XII, 239 S. Geb. £ 5,80.

Die Anwendung der Atomabsorptionsspektrometrie in der Analytik hat in den letzten 10 Jahren eine stürmische Entwicklung erfahren. Wie der Autor dieses Buches in der Einleitung schreibt, gab es 1960 nur wenige Geräte in der Welt, während bis 1972 bereits mehr als 20000 verkauft wurden und die Anzahl jährlich um etwa 3000 anwächst. Demzufolge gibt es auch schon eine ganze Reihe im Literaturverzeichnis genannter Monographien zu diesem Gegenstand. Das vorliegende Buch wendet sich vor allem an den in der Praxis tätigen Analytiker, der mit den Grundlagen und der Anwendung der Methode vertraut gemacht werden soll.

Nach einer Einführung in die historische Entwicklung und einer Zusammenstellung der wichtigsten Fachausdrücke und Definitionen werden im zweiten Kapitel die Prinzipien der Resonanzabsorption und die Erzeugung von freien Atomen in Flammen beschrieben. Im dritten Kapitel werden die instrumentellen Erfordernisse behandelt. Dazu gehören die verschiedenen Flammensysteme zur Erzeugung von atomaren Dämpfen, die Optik und die Registrierverfahren, wobei besonders auf den modernen Trend zur digitalen Ausgabe der Meßergebnisse eingegangen wird. Eine Zusammenfassung der Anforderungen, die von der analytischen Praxis an ein gutes Atomabsorptionsspektrometer gestellt werden, soll die Auswahl unter den kommerziell angebotenen Geräten erleichtern. Im vierten Kapitel befaßt sich der Autor mit der praktischen Handhabung und optimalen Anwendung der Methode. Es werden darin u. a. Probleme der optischen Justierung, der Eichung, der Probenpräparation und der Spurenanalyse behandelt. Das letzte Kapitel enthält eine Reihe von Anwendungen aus den verschiedensten Gebieten der Analytik. Einen kleinen Raum nehmen darunter die Polymeren ein. Es werden für eine Reihe von Polymeren geeignete Lösungsmittel und Präparationsmethoden angeführt. Insbesondere wird auf die Bestimmung von Spurenelementen mittels der Absorptionsspektrometrie eingegangen, welche die Stabilität und andere Eigenschaften von Polymeren beeinflussen können. Im Anhang des Buches werden für die einzelnen Elemente die Nachweisempfindlichkeiten und andere charakteristische Eigenschaften (Resonanz-Wellenlängen, günstigste Flammenart, Störeffekte) tabellarisch zusammengestellt.

Das Buch bietet eine ausgezeichnete Zusammenfassung der neuesten Kenntnisse über die analytische Anwendung der Atomabsorptionsspektrometrie. Es enthält eine Fülle von Hinweisen für die praktische Arbeit mit der Methode, so daß seine Anschaffung für alle analytischen Labors sehr zu empfehlen ist. Ein ausführliches Sachverzeichnis erleichtert die Anwendung des Buches.

J. Dechant

Patentschau

Auszug aus der Lieferung 15/16/1972 der *Patentschau „Faserstoffe und Textiltechnik",*
Ausgabe A: Faserstoffe einschl. Kunststoffe und organ. Grundsubstanzen, zusammengestellt von der Abteilung Information und Dokumentation des Instituts für Polymerenchemie der AdW, 153 Teltow-Seehof, Kantstr. 55

Die Patentschau ist nach der I ternationalen Patentklassifikation (IPC) gegliedert. Es bedeuten: DLP = DDR-Patent; DTP = Deutsches Bundespatent; DTA = (West)Deutsche Auslegeschrift; DTO = (West)Deutsche Offenlegungsschrift; OEP = Oesterreichisches Patent; POP = Polnisches Patent; CHP = Schweizer Patent; FRP = Französisches Patent; GBP = Britisches Patent; JAP = Japanisches Patent; SWP = Schwedisches Patent; SUP = Sowjetisches Patent; CSP = Tschechoslowakisches Patent; USP = Amerikanisches Patent; A = Anmeldedatum, O bzw. B. = Tag der Ausgabe der Patent-, Offenlegungs- bzw. Auslegeschrift.

Sektion C, Chemie und Metallurgie

CHEMIE

C 01, Anorganische Chemie

C 01b, Nicht-metallische Elemente, Metalloide und ihre Verbindungen, außer den unter C 01c aufgeführten

C 01b 31/00, Kohlenstoff, dessen Verbindungen

FRP 2087413 (B.) Verfahren zur Herstellung von Kohlenstoffäden und die dabei entstehenden Fäden. Inh.: Charbonnages de France. A. 19. 5. 70, B. 4. 2. 72. Int. Kl.: C 01b 31/00. A.-Z.: 7018171.

USP 3634220. Verfahren zum Verbessern von Graphitfasern für die Kunststoffverstärkung und Produkte daraus. Erf.: *John C. Goan.* Inh.: United States of America, Secretary of the Navy. A. 19. 9. 68, B. 11. 1. 72. Kl.: 204-164, Int. Kl.: B 01f 1/00. 8 Anspr. A.-Z.: 760969.

C 03, Glas; Mineral- und Schlackenwolle

C 03b, Herstellung, Formgebung und Nachbehandlungsverfahren

C 03b 37/00, Herstellen oder Behandeln von Flocken, Fasern oder Fäden aus zähflüssigem Glas, zähflüssigen Mineralien oder Schlacken

DTO 1671891. Verfahren zum Herstellen hochtemperaturbeständiger Gebilde aus hochschmelzenden Metalloxiden. Erf.: *Emil A. Klingler, Erhard Dörre* u. *Günter Ziegler.* Anm.: Feldmühle AG, 4000 Düsseldorf (DT). A. 14. 12. 67, B. 2. 12. 71. Kl.: 32a, 37/00, Int. Kl.: C 03c 37/00 A.-Z.: P 1671891 (F 54313).

SUP 323380 (Urheberschein). Mechanismus zum Abziehen von Glasfäden. Erf.: *Ju. I. Aleksandrov, V. V. Ulybišev, M. M. Chudjakov, V. V. Stepin, R. N. Kibardin, M. N. Lebedev* u. *Ja. A. Škol'nikov.* A. 12. 5. 70, B. 10. 12. 71. Int. Kl.: C 03b 37/02. A.-Z.: 1435825/29–33.

USP 3628930. Verfahren und Vorrichtung zur Herstellung von Glasfaserstoffen aus geschmolzenem Material. Erf.: *Walter William Harris.* Inh.: Johns-Manville Corp., New York, N. Y. A. 28. 10. 69, B. 21. 12. 71. Kl.: 65-2, Int. Kl.: C 03b 37/00. 11 Anspr. A.-Z.: 871883. Entspr. DTO 2055241.

C 07, Organische Chemie

C 07c, Acyclische und carbocyclische Verbindungen

USP 3634503. Reinigung von Polymaleinsäure. Erf.: *William G. Bowman.* Inh.: Petro-Tex Chemical Corp., Houstom, Tex. A. 13. 5. 69, B. 11. 1. 72. Kl.: 260-537 R, Int. Kl.: C 07c 51/42. 5 Anspr. A.-Z.: 824286.

USP 3636101. Verfahren zur Herstellung von Dicarbonsäuren. Erf.: *Thomas, F. Doumani* u. *Selma S. Doumani.* Inh.: Union Oil Co. of California, Los Angeles, Calif. A. 24. 10. 69, B. 18. 1. 72. Kl.: 260-537 P, Int. Kl.: C 07c 51/24. 7 Anspr. A.-Z.: 870015.

USP 3626001. Verfahren zur Herstellung hochreiner Iso- oder Terephthalsäure. Erf.: *Willis C. Keith* u. *Emmett H. Burk jr.*: Inh.: Atlantic Richfield Co., New York, N. Y. A. 9. 5. 68, B. 7. 12. 71. Kl.: 260-574 R, Int. Kl.: C 07c 63/02. 23 Anspr. A.-Z.: 728037. Entspr. FRP 2008119.

GBP 1270286. Oligocarbonatacrylate und Verfahren zu deren Herstellung. Inh.: Institut Khimicheskoi Fiziki AN SSSR. A. 5. 6. 69, B. 12. 4. 72. Kl.: C 2.C, Int. Kl.: C 07c 69/00, C 08f 3/62, 7/02. A.-Z.: 28391/69.

JAP 7117204. Methylmethacrylat. Erf.: *Makoto Honda, Jun Aoshima, Tokuichi Hisamatsu* u. *Keiji Naruse.* Inh.: Asahi Chemical Industry Co. Ltd. A. 15. 11. 69, B. 13. 5. 71. Kl.: C 07c.

JAP 7124692. Bis(β-Hydroxyäthyl)terephthalat. Erf.: *Yataro Ichikawa, Gentaro Yamashita, Yoshiyuki Yamanaka* u. *Aoi Yamamoto.* Inh.: Teijin Ltd. A. 1. 7. 68, B. 15. 7. 71. Int. Kl.: C 07c, B 01j.

C 07d, Heterocyclische Verbindungen,

DTO 1795226. Verfahren zur Herstellung von Lactamen. Erf.: *Otto Immel* u. *Hans-Helmut Schwarz.* Anm.: Farbenfabriken Bayer AG, 5090 Leverkusen. A. 24. 8. 68, B. 30. 12. 71. Kl.: 12p, 5, Int. Kl.: C 07d 41/06. A.-Z.: P 1795226. Entspr. FRP 2016341, GBP 1222915 u. USP 3574193.

CHP 522649. Verfahren zur Reinigung von Caprolactam. Erf. nicht genannt. Inh.: Metallwerk AG, Buchs, Buchs SG (CH). A. 17. 4. 70. Int. Kl.: C 07d 41/06. A.-Z.: 5746/70.

FRP 2095315 (B). Abtrennung von Lactamen aus einem konzentrierte Schwefelsäure oder SO_3 enthaltenden Medium. Inh.: Stamicarbon N. V. A. 17. 6. 71, B. 17. 3. 72. Int. Kl.: C 07d 41/00, 27/00, 29/00. A.-Z.: 7122004. Prior.: 17. 6. 70 (NL; A.-Z.: 7008837).

SUP 283225 (Urheberschein). Verfahren zur Reinigung von Lactamen. Erf.: *E. G. Ioseliani, V. R. Ručinskij, G. M. Vajnštejn, V. I. Gridunov* u. *R. S. Fedotova.* A. 15. 3. 68, B. 30. 11. 71. Int. Kl.: C 07d 41/06. A.-Z.: 1224762/23—4.

C 08, Makromolekulare Verbindungen; ihre Herstellung und chemische Verarbeitung; auf diesen Verbindungen beruhende Gemische

C 08b, Polysaccharide und deren Derivate

JAP 7107469. Lösungen von Cellulose bzw. Cellulosepfropfcopolymeren, die mit synthetischen Polymeren mischbar sind. Erf.: *Juichi Nakao* u. Saburo Nakakawa. Inh.: Tomoegawa Paper Manufg. Co. Ltd. A. 16.12.68, B. 24. 2. 71. Int. Kl.: C 08b.

C 08f, Polymerisationsprodukte

DLP 86086. Verfahren zur Herstellung strukturierter Flächengebilde aus hochpolymeren Werkstoffen, insbesondere textiler Flächengebilde. Erf. u. Inh.: *Wolfgang Bobeth, Adolf Heger, Helmar Päßler, Adolf-Ernst Schwind* u. *Erwin Zilinski.* A. 16. 3. 70, B. 20. 11. 71. Kl.: 39b4, 1/16, Int. Kl.: C 08f 1/16. A.-Z.: WP 39b4/146220.

DLP 89004. Verfahren zur strahlenchemischen Herstellung von Pfropfpolymerisaten auf der Basis von Emulsionspolymerisaten des Vinylchlorids. Erf. u. Inh.: *Heinz Langner* u. *Jürgen Weber.* A. 24. 12. 70, B. 5. 4. 72. Kl.: 39b4, 1/24, Int. Kl.: C 08f 1/24. A.-Z.: WP C 08f/152239.

DTO 1795294. Verfahren zum Herstellen von Homo- oder Copolymerisaten des Äthylens. Erf.: *Hans Gropper, Franz Georg Mietzner* u. *Friedrich Urban.* Anm.: Badische Anilin- & Soda-Fabrik AG, 6700 Ludwigshafen. A. 6. 9. 68, B. 23. 12. 71. Kl.: 39b4, 3/04, Int. Kl.: C 08f 3/04. A.-Z.: P 1795294. Entspr. OEP 291558, FRP 2017491 u. GBP 1270147.

DTO 2126779. Verfahren zur Isolierung eines elastomeren Blockcopolymerisats aus dem Reaktionsgemisch. Erf.: *Bernard Cornelis Roest* u. *Herman Augustinus Johannes Schepers.* Anm.: Stamicarbon N. V., Heerlen (NL). A. 18. 5. 71, B. 9. 12. 71. Kl.: 39b4, 1/80, Int. Kl.: C 08f 1/80. A.-Z.: P 2126779. Prior.: 29. 5. 70 (NL; A.-Z.: 7007776). Entspr. FRP 2093881.

FRP 2087215 (B). Copolymere von Olefinen bzw. Olefinen und nichtkonjugierten Dienen mit Estern ungesättigter Carbonsäuren und ungesättigten Alkoholen. Erf.: *Yves Amiard, Jean-Paul Bellissent* u. *Gilbert Marie.* Inh.: Société Nationale des Petroles d'Aquitaine. A. 11. 5. 70, B. 4. 2. 72. Int. Kl.: C 08f 1/00, 15/00, 17/00. A.-Z.: 7017020.

FRP 2090767 (B). Verfahren zur Polymerisation von Acrylnitril in der Masse. Erf.: *Paolo Melacini, Luigi Patron, Alberto Moretti* u. *Raffaele Tedesco.* Inh.: Chatillon Soc. An. Italiana per le Fibre Tessili Artificiali S.p.A. A. 27. 4. 71, B. 18. 2. 72. Int. Kl.: C 08f 1/00, 3/00, 47/00. A.-Z.: 7114916. Prior.: 28. 4. 70 (IT; A.-Z.: 23963 A/70). Entspr. DTO 2120337.

GBP 1269964. Verfahren zur Herstellung von Polymerdispersionen. Inh.: Balm Paints Ltd. A. 26. 8. 69, B. 12. 4. 72. Kl.: C3.P, Int. Kl.: C 08f 1/09. A.-Z.: 42384/69. Prior.: 16. 9. 68 (AU; A.-Z.: 43440). Entspr. DTO 1946819 u. FRP 2019447.

JAP 7116888. Polyvinylverbindungen. Erf.: *Eiichi Masahara, Yoji Imai* u. *Seiichiro Fujisawa.* Inh.: Tokyo Medical and Dental University. A. 17. 8. 68, B. 10. 5. 71. Int. Kl.: C 08f.

JAP 7126968. Aus Organo-Al-dihalogenid, $TiCl_3$ und einer Organo-P-Verbindung bestehender Katalysator zur Polymerisation von Propylen. Erf.: *Yasuo Takami* u. *Takami Hoshini.* Inh.: Japan Bureau of Industrial Technology. A. 29. 3. 66, B. 5. 8. 71. Int. Kl.: C 08f.

USP 3627744. Verfahren zum Polymerisieren von Vinylhalogeniden. Erf.: *Byrd Hopkins* u. *Robert A. Bonsall.* Inh.: Monsanto Co., St. Louis, Mo. A. 12. 9. 68, B. 14. 12. 71. Kl.: 260-87,5, Int. Kl.: C 08f 1/11, 3/30, 15/00. 6 Anspr. A.-Z.: 759309. Entspr. DTO 1946348 u. FRP 2017935.

USP 3627656. Katalysatorsysteme für photochemische Polymerisation. Erf.: *Leroy J. Miller* u. *John B. Rust.* Inh.: Hughes Aircraft Co., Culver City, Calif. A. 3. 4. 69, B. 14. 12. 71. Kl.: 204-159,24, Int. Kl.: C 08d 1/00, C 08f 1/16. A.-Z.: 813305.

USP 3629222. Olefinpolymerisationskatalysatoren. Erf.: *Harry W. Coover jr.* u. *Frederick B. Joyner.* Inh.: Eastman Kodak Co., Rochester, N. Y. A. 23. 2. 61, B. 21. 12. 71. Kl.: 260-93,7, Int. Kl.: C 08f 3/02. 2. Anspr. A.-Z.: 90961. Entspr. GBP 1000348.

USP 3634375. Äthylenpolymerisation mit Reduzierung oder Abbruch der Polymerisation. Erf.: *Wim van der Linde* u. *Jacob M. Smit.* Inh.: Stamicarbon N. V., Heerlen (NL). A. 26. 2. 68, B. 11. 1. 72. Kl.: 260-88,2R, Int. Kl.: C 08f 1/06. 10 Anspr. A.-Z.: 707959. Prior.: 1. 3. 67 (NL; A.-Z.: 6703398). Entspr. DTO 1745491, FRP 1568939 u. GBP 1196188.

USP 3635925. Massepolymerisation von Vinylchlorid bei niedrigen Temperaturen. Erf.: *Sergio Lo Monaco, Corrado Mazzolini, Luigi Patron* u. *Alberto Moretti.* Inh.: Chatillon Soc. An. Italiana per le Fibre Tessili Artificiali S.p.A., Mailand (IT). A. 15. 12. 69, B. 18. 1. 72. Kl.: 260-85,5, Int. Kl.: C 08f 1/62, 3/30. 15 Anspr. A.-Z.: 885293 (Zus. z. Pat. m. A.-Z.: 671216. A. 28. 9. 67). Prior.: 16. 12. 68 (IT; A.-Z.: 25161/68). Entspr. DTO 1962638, OEP 293020 u. FRP 2026225.

DTO 1795312. Hydroxylgruppen enthaltende Polymerisate. Erf.: *Herbert Naarmann* u. *Hans Eugen Kiefer.* Anm.: Badische Anilin- & Soda-Fabrik AG, 6700 Ludwigshafen. A. 11. 9. 68, B. 23. 12. 71. Kl.: 39b4, 3/42, Int. Kl.: C 08f 4/42. A.-Z.: P 1795312. Entspr. FRP 2017784.

DTO 2127439. Verfahren zur Polymerisation von Vinylchlorid. Erf.: *Jean Golstein.* Anm.: Solvay & Cie., Brüssel (BE). A. 3. 6. 71, B. 16. 12. 71 Kl.: 39b4, 3/30, Int. Kl.: C 08f 3/30. A.-Z.: P 2127439 (Zus. z. Anm. m. A.-Z.: P 1745409). Prior.: 10. 6. 70 (BE; A.-Z.: 90156).

USP 3629219. Verfahren zur Vergrößerung der Oberfläche von Polytetrafluoräthylenharz. Erf.: *Richard B. Esker.* Inh.: E. I. du Pont de Nemours and Co., Wilmington, Del. A. 9. 10. 68, B. 21. 12. 71. Kl.: 260-92,1, Int. Kl.: C 08f 3/24. 8 Anspr. A.-Z.: 766314. Entspr. DTO 1950767 u. FRP 2020219.

JAP 7132417. N-Substituierte Acrylamidpolymere. Erf.: *Shifu Katayama, Ryoji Nakanishi* u. *Sadao Yuguchi.* Inh.: Toray Industries, Inc. A. 26. 6. 67, B. 21. 9. 71. Int. Kl.: C 08f, C 07c, H 05f.

SUP 333173 (Urheberschein). Verfahren zur Herstellung von Copolymeren des Äthylens mit Säuren der Acrylreihe. Erf.: *D. N. Andreev, A. S. Semenova, M. I. Lejtman, L. G. Stavanovič, D. N. Asinovskaja* u. *F. I. Duntov.* A. 10. 2. 70, B. 21. 3. 72. Int. Kl.: C 08f 15/02. A.-Z.: 1399625/23—5.

USP 3629368. Verfahren zur Herstellung modifizierter Propylenpolymerer Erf.: *Junichi Fukuda, Kijuro Tashiro, Matsuo Sennari* u. *Kenjiro Nagashima.* Inh.: Mitsubishi Petrochemical Co., Ltd., Tokio (JA). A. 18. 8. 69, B. 21. 12. 71. Kl.: 260-878 B, Int. Kl.: C 08f 15/04, 1/42. 5 Anspr. A.-Z.: 853591 (Zus. z. Pat. m. A.-Z.: 433487. A. 17. 2. 65). Prior.: 20. 2. 64 (JA; A.-Z.: 39/8785). Entspr. DTO 1570949 u. GBP 1099853.

USP 3635924. Alternierende Copolymere aus ungesättigten, halogenierten Kohlenwasserstoffen und Acrylnitril oder Acrylverbindungen. Erf.: *Kohei Nakaguchi, Shohachi Kawasumi, Masaaki Horooka* u. *Hiroshi Yubuuchi.* Inh.: Sumitomo Chemical Co. Ltd., Osaka (JA). A. 21. 10. 69, B. 18. 1. 72. Kl.: 260-85,5 XA, Int. Kl.: C 08f 15/24, 15/32. 26 Anspr. A.-Z.: 868243 (Zus. z. Pat. m. A.-Z.: 480139. A. 16. 8. 65). Prior.: 18. 8. 64 (JA; A.-Z.: 39/47354). Entspr. DTO 1645291, FRP 1458331 u. GBP 1107137.

DLP 89243. Verfahren zur Modifizierung von Hochpolymeren, insbesondere von faserförmigen Hochpolymeren, vorzugsweise von naß ersponnenen Polyacrylnitrilfasern. Erf. u. Inh.: *Wolfgang Bobeth, Adolf Heger, Michael Stephan* u. *Bernd Ihme.* A. 30. 4. 70, B. 12. 4. 72. Kl.: 39b4, 27/00, Int. Kl.: C 08f 27/00. A.-Z.: WP C 08f/147169. Entspr. DTO 2120486.

DTO 2127081. Färbbare polymere Zusammensetzung. Erf.: *Alberto Bonvicini, Giuseppe Cantatore* u. *Fabrizio Balata.* Anm.: Montecatini Edison S.p.A., Mailand (IT). A. 1. 6. 71, B. 9. 12. 71. Kl.: 39b4, 29/02, Int. Kl.: C 08f 29/02. A.-Z.: P 2127081. Prior.: 3. 6. 70 (IT; 25448 A-70).

USP 3629374. Lacton/Alkylenoxid-Copolymere als Weichmacher für Vinylchloridharze. Erf.: *Robert Dean Lundberg, Frank Paul Del Giudice* u. *Robert Gladden Kelso.* Inh.: Union Carbide Corp., New York, N. Y. A. 1. 4. 69, B. 21. 12. 71. Kl.: 260-899, Int. Kl.: C 08f 29/24. 6 Anspr. A.-Z.: 812311. Entspr. DTO 2015273 u. FRP 2038125.

FRP 2086597 (B). Stabilisierende Verbindungen mit Charakter eines Antioxydationsmittels für Polyolefinmischungen und ihre Herstellung. Inh.: Esso Research and Engineering Co. A. 2. 4. 70, B. 4. 2. 72. Int. Kl.: C 07f 9/00, 5/00, 7/00, 3/00, 45/00, C 07c 49/00, 149/00. A.-Z.: 7012023).

GBP 1270386. Stabilisi rung von Polyolefinen. Inh.: Imperial Chemical Industries Ltd. A. 13. 5. 69, B. 12. 4. 72. Kl.: C3.P, Int. Kl.: C 08f 45/60. A.-Z.: 25981/68. Entspr. DTO 1925864 u. FRP 2009675.

USP 3627716. Eine Stabilisatorkombination für Polyvinylchloridharz, bestehend aus einer vierwertigen Organozinnmercaptocarbonsäureverbindung und einem zweiwertigen Zinnsalz. Erf.: *Seymour Cohen.* Inh.: Argus Chemical Corp., Brooklyn, N. Y. A. 11. 7. 68, B. 14. 12. 71. Kl. 260-23 XA, Int. Kl.: C 08f 45/62. 25 Anspr. A.-Z.: 743972. Entspr. GBP 1225737.

USP 3635883 (Zus. z. Pat. 3539527. A. 10. 5. 65, B. 10. 11. 70. A.-Z.: 728360). Stabilisierte Styrol/Acrylnitril-Polymerkompositionen. Erf.: *Walter Stamm.* Inh.: Stauffer Chemical Co., New York, N. Y. A. 7. 5. 70, B. 18. 1. 72. Kl.: 260-45,75 K, Int. Kl.: C 08f 45/62. 21 Anpsr. A.-Z.: 35584. A.-Z.: 728360 vgl. auch USP 3539527. Entspr. DTO 1923258, CHP 485792, FRP 2008231 u. GBP 1230330.

USP 3636023. Thiobisphenol-Ni(II)-alkanolamin-Komplexe und ihre Verwendung in Polymeren. Erf.: *Robert William Murray* u. *Joseph Adrian Hoffman.* Inh.: American Cyanamid Co., Stamford, Conn. A. 27. 8. 69, B. 18. 1. 72. Kl.: 260-439 R, Int. Kl.: C 07f 15/04, C 08f 45/62. 4 Anspr. A.-Z.: 853507. Entspr. FRP 2058986.

C 08g, Polykondensations- und Polyadditionsprodukte

DTO 1795285. Chlorhaltige, lineare, thermoplastische Polyester und Verfahren zu ihrer Herstellung. Erf.: *Harald Häberlein* u. *Siegfried Breitschaft.* Anm.: Farbwerke Hoechst AG vorm. Meister Lucius & Brüning, 6000 Frankfurt. A. 4. 9. 68, B. 23. 12. 71. Kl.: 39b5, 17/01, Int. Kl.: C 08g 17/01. A.-Z.: P 1795285. Entspr. OEP 290845, CHP 519540 u. FRP 2017379.

CHP 522693. Polyesterherstellung. Erf.: *Lambert Gaston Jeurissen.* Inh.: Agfa-Gevaert AG, Basel (CH). A. 17. 10. 69. Int. Kl.: C 08g 17/015. A.-Z.: 15475/69. Prior.: 29. 11. 68 (GB; A.-Z.: 56896/68). Entspr. DLP 79587, DTO 1948236 u. OEP 294425.

JAP 7118500. Polykondensationskatalysator für Polyäthylenterephthalat. Erf.: *Kiyoshi Nawada, Kiyokazu Tsunawaki* u. *Katsuhisa Watanabe.* Inh.: Teijin Ltd. A. 22. 6. 67, B. 24. 5. 71. Int. Kl.: C 08g, B 01j.

JAP 7121224. Umesterungskatalysator zur Herstellung von Polyäthylenterephthalat. Erf.: *Hirozo Segawa, Kazuo Itoi* u. *Tomoyasu Takegami.* Inh.: Kuraray Co. Ltd. A. 23. 9. 67, B. 15. 6. 71. Int. Kl.: C 08g, C 07c, B 01j.

JAP 7121752. Zusatz für die Polyesterherstellung. Erf.: *Kan Watanabe, Seiki Natsuki, Takashige Kato* u. *Shingo Sasaki.* Inh.: Japan Ester Co. Ltd. A. 27. 7. 67, B. 19. 6. 71. Int. Kl.: C 08g, C 07c, B 01j.

USP 3635899. Herstellung von Polyestern aus 1,4- und 1,5-Diolen. Erf.: *Marvin L. Doerr* u. *Luis R. Vizurraga.* Inh.: Fiber Industries Inc. A. 4. 9. 69, B. 18. 1. 72. Kl.: 260-75 M, Int. Kl.: C 08g 17/01. 5 Anspr. A.-Z.: 855402. Entspr. DTO 2043187.

USP 3635901. Verfahren und Vorrichtung zur kontinuierlichen Polykondensation oder Polymerisation von Monomeren. Erf.: *Federico Urgesi* u. *Horst Rothert.* Inh.: Chatillon Soc. An. Italiana per le Fibre Tessili Artificiali S.p.A., Mailand (IT); u. Karl Fischer Apparate- und Rohrleitungsbau, Berlin (DT). A. 23. 7. 69, B. 18. 1. 72. Kl.: 260-75 M, Int. Kl.: C 08g 17/01, 20/12. 4 Anspr. A.-Z.: 869416 (Zus. z. Pat. m. A.-Z.: 519836. A. 11. 1. 66). Prior.: 15. 1. 65 (IT; A.-Z.: 814/65). Entspr. DTO 1570637, FRP 1461114, GBP 1139219 u. SWP 327088.

USP 3635902 (Teil v. Pat. 3492272. A. 18. 10. 65. A.-Z.: 509245; u. Pat. 3467719. A. 13. 3. 63. A.-Z.: 264783; Zus. z. Pat. m. A.-Z.: 187982. A. 16. 4. 62). Produkte. Erf.: *Robert G. Thompson.* Inh.: E. I. du Pont de Nemours & Co., Wilmington, Del. A. 29. 12. 69, B. 18. 1. 72. Kl.: 260-75 R, Int. Kl.: C 08g 71/08. 3 Anspr. A.-Z.: 888935. A.-Z.: 264783, 509245. USP 3492272). A.-Z.: 264783, 187982 entspr. DTO 1494706, CHP 463782 u. FRP 1361559. A.-Z.: 187982 entspr. GBP 979401.

DTO 1770626. Verfahren zur Herstellung von Polyaminoamiden. Erf.: *Hans Brandeis.* Anm.: Badische Anilin- & Soda-Fabrik AG, 6700 Ludwigshafen. A. 12. 6. 68, B. 16. 12. 71. Kl.: 39b5, 20/02, Int. Kl.: C 08g 20/02. A.-Z.: P 1770626. Entspr. OEP 288703, CHP 513934, FRP 2010727 u. GBP 1260883.

USP 3634363. 4-Carboxy-2-piperidon-Polymeres. Erf.: *George J. Schmitt, Karl P. Klein* u. *Herbert K. Reimschuessel.* Inh.: Allied Chemical Corp., New York, N. Y. A. 26. 2. 69, B. 11. 1. 72. Kl.: 260-78 P, Int. Kl.: C 08g 20/10. 5 Anspr. A.-Z.: 802673. Entspr. GBP 1230319.

USP 3635911. Polyamide mit Beständigkeit gegen Abbau durch Lichteinwirkung. Erf.: *Gene C. Weedon* u. *Robin B. Mumford.* Inh.: Allied Chemical Corp., New York, N. Y. A. 14. 5. 69, B. 18. 1. 72. Kl.: 260-78 R, Int. Kl.: C 08g 20/38. 6 Anspr. A.-Z.: 824697. Entspr. DTO 2023669 u. FRP 2047728.

DTO 2017510. Lineare segmentierte Polyurethanelastomere. Erf.: *Wilhelm Thoma, Harald Oertel* u. *Heinrich Rinke.* Anm.: Farbenfabriken Bayer AG, 5090 Leverkusen. A. 13. 4. 70, B. 23. 12. 71. Kl.: 39b5, 22/04, Int. Kl.: C 08g 22/04. A.-Z.: P 2017510. Entspr. FRP 2086038.

USP 3635905. Cyanidion als Katalysator für heterocyclische Polymere. Erf.: *Tad L. Patton.* Inh.: Esso Research and Engineering Co. A. 22. 5. 70, B. 18. 1. 72. Kl.: 260-77,5 R, Int. Kl.: C 08g 22/00. 53 Anspr. A.-Z.: 41656 (Zus. z. Pat. m. A.-Z.: 685281. A. 24. 11. 67; u. Pat. m. A.-Z.: 796221. A. 3. 2. 69). A.-Z.: 796221 entspr. DTO 2003938.

DTO 1770707. Hochmolekulare Polychinazolone. Erf.: *Eduard Radlmann, Günter Lorenz, Mandfred Gallus, Jürgen Schramm* u. *Günther Nischk.* Anm.: Farbenfabriken Bayer AG, 5090 Leverkusen (DT). A. 26. 6. 68, B. 2. 12. 71. Kl.: 39b5, 33/02, Int. Kl.: C 08g 33/02. A.-Z.: P 1770707. Entspr. FRP 2014273 u. USP 3574166.

CHP 522017. Verfahren zur Herstellung von Phosphor und Stickstoff enthaltenden Polymeren. Erf.: *Urs Sollberger* u. *Rainer Wolf.* Inh.: Sandoz AG, Basel (CH). A. 23. 5. 69. Int. Kl.: C 08g 33/16. A.-Z.: 7878/69. Entspr. OEP 298069.

JAP 7127825. Hitzebeständige Poly(benzimidazole). Erf.: *Shigeru Kajiyama, Tamiji Noguchi* u. *Shigeo Yamamoto.* Inh.: Matsushita Electric Industrial Co., Ltd. A. 10. 9. 68, B. 12. 8. 71. Int. Kl.: C 08g.

SUP 302022 (Urheberschein). Verfahren zur Herstellung von Polyphenylenen. Erf.: *V. V. Koršak, M. M. Tepljakov, V. A. Sergeev.* Anm.: Institut élementoorganičeskich Soedinenij AN SSSR. A. 16. 3. 70, B. 30. 11. 71. Int. Kl.: C 08g 33/00. A.-Z.: 1409968/23–5. Entspr. DTO 2106396.

USP 3629207 (ausgesch. aus Pat. 3517087. A. 5. 5. 66. A.-Z.: 547768). Phosphorhaltige Polymere. Erf.: *Denis Coleman.* Inh.: American Cyanamid Co., Stamford, Conn. A. 12. 9. 69, B. 21. 12. 71. Kl.: 260-79,3 R, Int. Kl.: C 08g 33/02, 33/16. 6 Anspr. A.-Z.: 857550. Entspr. FRP 1520998.

USP 3635882. Stabilisierte Oxymethylenpolymere. Erf.: *Leon Starr, David Jon Runyon* u. *Albert T. Mills.* Inh.: Celanese Corp., New York, N. Y. A. 15. 9. 69, B. 17. 1. 72. Kl.: 260-45,9 P, Int. Kl.: C 08g 51/56, 51/58, 51/60. 7 Anspr. A.-Z.: 858147. Entspr. DTO 2044314 u. FRP 2061370.

FRP 2086331 (B). Formmassen aus Gemischen von Polycarbonaten und einem mit Polycarbonat gepfropften Copolymeren. Inh.: Farbenfabriken Bayer AG. A. 23. 4. 71, B. 4. 2. 72. Int. Kl.: C 08g 39/00, C 08f 29/00. A.-Z.: 7114664).

GBP 1270097. Polyamid- und Polyätheresterkomposition. Inh.: Imperial Chemical Industries Ltd. A. 18. 8. 69, B. 12. 4. 72. Kl.: C3.R, Int. Kl.: C 08g 41/02, 41/04, 53/20, 53/08, D 01f 7/04. A.-Z.: 42215/68. Entspr. DTO 1945111, CHP 520733, FRP 2019408 u. USP 3636135.

JAP 7037865. Hitzebeständige Polyamidkompositionen. Erf.: *Shigeru Fujii, Shubonosuke Shigemura* u. *Masahira Yamada.* Inh.: Toray Industries, Inc. A. 3. 10. 66, B. 1. 12. 70. Int. Kl.: C 08g.

USP 3635871. Ein Amid enthaltendes pulverförmiges Polyurethanelastomerprodukt und Verfahren zu seiner Herstellung. Erf.: *Takuo Kawaguchi* u. *Kanji Matsubayashi.* Inh.: Kurashiki Rayon Co. Ltd., Kurashiki (JA). A. 27. 10. 69, B. 18. 1. 72. Kl.: 260-32,6, Int. Kl.: C 08g 51/44, 22/16, 53/00. 4 Anspr. A.-Z.: 869928 (Zus. z. Pat. m. A.-Z.: 667661. A. 14. 9. 67). Prior.: 21. 10. 66 (JA; A.-Z.: 41/69350). Entspr. FRP 1541309.

Sektion D, Textilien und Papier

TEXTILIEN

D 01, Natürliche oder künstliche Fäden oder Fasern; Spinnen

D 01b, Mechanische Behandlung von natürlichen faserigen oder fadenförmigen Stoffen zur Gewinnung von Fasern oder Fäden, z. B. zum Verspinnen

SUP 298708 (Urheberschein). Arbeitskammer der Sägeegreniermaschine. Erf.: *S. P. Ivanov, V. I. Rossinskij* u. *A. D. Fadin.* Anm.: Central'nyj naučnoissledovatel'skij Institut chlopkovoj Promyšlennosti. A. 1. 4. 69, B. 16. 3. 71. Int. Kl.: D 01b 1/08. A.-Z.: 1320737/28–12.

SUP 301384 (Urheberschein). Vorrichtung zum Auskämmen der Samenkapseln aus dem Stengelflachs. Erf.: *G. P. Ušanov.* A. 19. 12. 66, B. 21. 4. 71. Int. Kl.: D 01b 1/12. A.-Z.: 1119350/28-12.

SUP 305214 (Urheberschein). Antrieb für die Sägezahnwalzen der Egreniermaschine. Erf.: *Ch. Ch. Usmanchodžaev* u. *Ch. Ch. Samarchodžaev.* A. 6. 11. 69, B. 4. 6. 71. Int. Kl.: D 01b 1/08. A.-Z.: 1377189/28–12.

SUP 322428 (Urheberschein). Verfahren zum Bearbeiten der Stengel von Bastfaserkulturen. Erf.: *Z. I. Mareeva.* Anm.: Vsesojuznyj Ordena Trudovogo Krasnogo Znameni naučno-issledovatel'skij Institut L'na. A. 7. 4. 70, B. 30. 11. 71. Int. Kl.: D 01b 1/10. A.-Z.: 1424333/28-12.

SUP 309983 (Urheberschein). Automat für das Sortieren der Kokons. Erf.: *Ju. N. Seršen, B. Rašidov* u. *P. A. Miroškin.* Anm.: Leninabadskij šelkovyj Kombinat. A. 18. 1. 68, B. 26. 7. 71. Int. Kl.: D 01b 7/02. A.-Z.: 1210618/28–12.

D 01d, Mechanisches Verfahren und Vorrichtungen für die Herstellung von künstlichen Fäden, Gespinsten, Fasern, Borsten oder Bändern

DLP 89203. Verfahren zur Verformung von thermoplastischen Polymeren zu Flächen- und Formgebilden. Erf. u. Inh.: *Günter Bochnia, Horst Bürger, Gerald Ehrhardt, Christoph Michels, Manfred Luxa* u. *Gerhard Selisko.* A. 9. 6. 71, B. 12. 4. 72. Kl.: 29a, 6/31, Int. Kl.: D 01d. A.-Z.: WP D 01d/155678.

SUP 322431 (Urheberschein). Düsenblock für das Erspinnen von Chemiefasern in einem Spinnrohr. Erf.: *S. V. Lebedev, D. P. Olenin, V. I. Nesvižskij* u. *O. V. Trjaskin.* Anm.: Vsesojuznyj naučno-issledovatel'skij Institut legkogo i tekstil'nogo Mašinostroenija. A. 10. 3. 70, B. 30. 11. 71. Int. Kl.: D 01d 3/00. A.-Z.: 1412298/28–12.

JAP 7040689. Oberflächenbehandlung von Verbundfaserstoffen. Erf.: *Kazuo Tomisaka, Michihiko Fujita* u. *Tstuomu Sano.* Inh.: Toray Industries, Inc. A. 30. 6. 66, B. 21. 12. 70. Int. Kl.: D 01d, f.

FRP 2096054 (B). Verfahren zur Herstellung von Verbundfaserstoffen, Vorrichtung für die Durchführung und so erhaltene Faserstoffe. Erf.: *Walter Conti* u. *Pasquale Corsini.* Inh.: Snam Progetti S.p.A. A. 8. 6. 71, B. 17. 3. 72. Int. Kl.: D 02j 1/00, D 01d 11/00. A.-Z.: 7120700. Prior.: 10. 6. 70 (IT; A.-Z.: 25751 A/70).

DTO 1760256. Galette mit hartverchromter Oberfläche. Erf. nicht genannt. Anm.: Vepa AG, Basel (CH). A. 25. 4. 68, B. 23. 12. 71. Kl.: 29a, 6/71, Int. Kl.: D 01d 13/02. A.-Z.: P 1760256. Entspr. GBP 1256130.

FRP 2095702 (B). Verfahren zur Herstellung von Vinylchloridfaserstoffen mit einem modifizierten Lichtreflexionsvermögen und so erhaltene Faserstoffe. Erf.: *P. Melacini, H. Kirschner* u. *P. Campana.* Inh.: Chatillon Soc. An. Italiana per le Fibre Tessili Artificiali S.p.A. A. 28. 5. 71, B. 17. 3. 72. Int. Kl.: C 08f 45/00, 47/00, D 01f 1/00, 7/00. A.-Z.: 7119639. Prior.: 1. 6. 70 (IT; A.-Z.: 25392 A/70).

DTO 2129099. Verfahren zur Herstellung von Fäden aus einem Elastomer sowie Elastomerfaden auf der Basis von Polyester-Urethanen. Erf.: *Franciscus Johannes Huntjens, Cornelius Jan Leeuwerik* u. *Cornelis Martinus Franciscus Vrouenraets.* Anm.: Akzo N. V., Arnheim (NL). A. 11. 6. 71, B. 23. 12. 71. Kl.: 29b, 3/60, Int. Kl.: D 01f 7/04. A.-Z.: P 2129099. Prior.: 13. 6. 70 (NL; A.-Z.: 70/08680).

JAP 7041054. Acrylverbundfaserstoffe. Erf.: *Masaharu Shimamura, Masakazu Yasui* u. *Kazuo Yuki.* Inh.: Toray Industries, Inc. A. 12. 12. 67, B. 23. 12. 70. Int. Kl.: D 01f.

JAP 7105540. Koagulation von Polyoxadiazollösung. Erf.: *Hideo Sekiguchi* u. *Kazuo Sadamitsu.* Inh.: Furukawa Electric Co. Ltd. A. 21. 5. 68, B. 10. 12. 71. Int. Kl.: D 01f, B 29c.

SUP 333772 (Urheberschein). Verfahren zur Herstellung von faserigen Stoffen auf der Basis von Polyolefinen. Erf.: *Karel Jan Brenking* u. *Arend van der Zvan.* Anm.: Shell Internationale Research Maatschappij N. V. (NL). A. 21. 7. 67, B. 21. 3. 72. Int. Kl.: D 01f 7/02. A.-Z.: 1177985/23–5.

D 02, Garne; mechanische Veredlung von Garnen oder Seilen; Schären oder Bäumen

D 02g, Kräuseln oder Krimpfen (Texturieren) von Fasern, Fäden, Zwirnen oder Garnen; Garne oder Zwirne

DLP 89202. Verfahren zur fotoelektrischen Regelung des dynamischen Überganges von der Quer- zur Längslage eines sich in einer Passage bewegenden gekräuselten Fadens. Erf. u. Inh.: *Gerhard Jentsch, Erich Mewes, Werner Stephan* u. *Joachim Werner.* A. 8. 4. 71, B. 12. 4. 72. Kl. 29 a, 6/20, Int, Kl.: D 029 1/12, A,-Z.: WP D 02 g/154300.

DTO 2128748. Verbundfasern sowie Verfahren und Vorrichtung zu ihrer Herstellung. Erf.: *Walter Conti* u. *Pasquale Corsini.* Anm.: Snam Progetti S.p.A., Mailand (IT). A. 9. 6. 71, B. 16. 12. 71. Kl.: 29a, 6/20, Int. Kl.: D 02g 1/18. A.-Z.: P 2128748. Prior.: 10. 6. 70 (IT; A.-Z.: 25751 A/70).

CHP 522754. Verfahren zur kontinuierlichen Herstellung von gebauschten oder gequollenen Fäden, zusammengesetzt aus kurzen schrumpfbaren und fixierten Fasern, insbesondere geeignet für Acrylfäden. Erf. u. Inh.: *Carlo Degli Antonio.* via del Follatoio, 8. Triest (IT); u. *Giuseppe Masci,* via Massena 18, Mailand (IT). A. 22. 3. 67, B. 31. 1. 72. Int. Kl.: D 02g 1/00, 1/18. A.-Z.: 6540/66). Entspr. FRP 1516589.

JAP 7101337. Gekräuselte Polypropylenfaserstoffe. Erf.: *Akira Tomioka* u. *Sonsaburo Fujihara.* Inh.: Yamato, Spinning Co., Ltd. A. 24. 2. 67, B. 13. 1. 71. Int. Kl.: D 01f, D 02g.

USP 3626557. Verfahren und Vorrichtung zum Texturieren von Garn. Erf.: *Ashvin Chudgar J., Walter R. Dunn* u. *Vincent A. Iannucci.* Inh.: North American Rockwell Corp., Pittsburgh, Pa. A.18. 5. 70, B.4. 12.71. Kl.: 28-1,3, Int. Kl.: D 02g 1/20. 13 Anspr. A.-Z.: 37995. Entspr. DTO 2114686 u. FRP 2092432.

DTO 1710644. Vorrichtung zum Recken von Fäden und Bändern. Erf.: *Ernst Bauch.* Anm.: Neumünstersche Maschinen- und Apparatebau GmbH, 2350 Neumünster (DT). A. 27. 6. 67, B. 30. 12. 71. Kl.: 29a, 6/31, Int. Kl.: D 02j 1/22. A.-Z.: P 1710644 (N 30801).

DTO 1760539. Verfahren zur Herstellung von Polyamid-Drähten mit hoher Linear- und Knotenfestigkeit. Erf.: *Armin Köhler Bela von Falkai, Klaus Offermann* u. *Alfred Reichle.* Anm.: Farbenfabriken Bayer AG, 5090 Leverkusen (DT). A. 1. 6. 68, B. 30. 12. 71. Kl.: 29a, 6/31, Int. Kl.: D 02j 1/22. A.-Z.: P 1760539. Entspr. CHP 516656, FRP 2010019, GBP 1206904 u. USP 3577500.

PAPIER

D 21, Papierherstellung; Gewinnung von Cellulose bzw. Zellstoff

D 21c. Gewinnung von Cellulose durch Abscheiden nichtcelluloseartiger Substanzen von cellulosehaltigen Stoffen; Wiedergewinnung der Zellstoffablaugen; Vrorichtungen dafür

SUP 323488 (Urheberschein). Probenehmer für Späne. Erf.: *E. E. Egorov* u. *K. V. Kolosova.* Anm.: Central'nyj naučno-issledovatel'skij i proektnokonstruktorskij Institut po Proektirovaniju Oborudovanija dlja celljulozno-bumažnoj Promyšlennosti. A. 7. 7. 70, B. 10. 12. 71. Int. Kl.: D 21c 3/10, G 01n 1/10. A.-Z.: 1458412/29–33.

Sektion G, Physik

G 01, Messen; Prüfen

G 01b, Messen der Länge, der Dicke oder von ähnlichen linearen Dimensionen; Messen von Winkeln; Messen von Flächen; Messen von Unregelmäßigkeiten von Flächen oder Umrissen

SUP 322687 (Urheberschein). Kompensator der Deformation für Maschinen zum Untersuchen der Ermüdung von Textilien. Erf.: *A. A. Jankunas* u. *R. V. Čjukas.* Anm.: Kaunasskij politechničeskij Institut. A. 10. 11. 67, B. 30. 11. 71. Int. Kl.: G 01n 3/32. A.-Z.: 1197214/25–28.

DTO 2025846. Einrichtung zum Messen der Verdrillung eines mehrfädigen Garnes. Erf. u. Anm.: *George Alan Carruthers,* Haverbreaks, Lancaster (GB). A. 27. 5. 70, B. 2. 12. 71. Kl.: 42k, 50, Int. Kl.: G 01n 33/36. A.-Z.: P 2025846.

Literaturschau

Auszug aus Lieferung 21 und 22/1972 der Literaturschau „Faserstoffe und Textiltechnik", zusammengestellt von der Abteilung Information und Dokumentation des Instituts für Polymerenchemie der AdW, 153 Teltow-Seehof, Kantstr. 55

I. Wissenschaftliche Grundlagen

Schildknecht, C. E.: Sterisch reguläre Struktur von Monomeren und Kristallisation von Vinyl- und Allylpolymeren. Nuova Chimica, Milano 48 (1972) 8, S. 35–39.

Allgemeines

(Untersuchngsmethoden u. a.)

Wagner, G.: Über Gütekriterien flexibler Lichtleitbündel und zur Messung solcher Kriterien. Feingerätetechnik 21 (1972) 4, S. 151–155; 7, S. 306 bis 307; 10, S. 470–473.

Physik und Chemie der Hochpolymeren

Wu, P., Howell, J. A., Ehrlich, P.: Monte-Carlo-Simulierung der Struktur von Polyäthylen niedriger Dichte. IEC. Ind. engng. Chem./Product R & D 11 (1972) 3, S. 352–357.

Klepal, V., Zamorski, Z.: Viskosimetrie von Polycaprolactam und Polyäthylenterephthalat. Plast. Massy, Moskva (Plast. Massen) (1972) 8, S. 43–44.

Nicodemo, L., Marrucci, G., Hermans, J. J.: Zeitabhängigkeit der Dehnungsviskosität einer Lösung von „elastischen Hanteln". J. Polymer Sci., A-2: Polymer Physics 10 (1972) 7, S. 1351–1359.

Matsuda, H., Suzaka, Y., Takeshima, M., Kuroiwa, S.: Bestimmung der Verteilung der relativen Molekülmasse durch Θ-Säulenfraktionierung. Kobunshi Kagaku, Tokyo (Chem. High Polymers) 29 (1972) 326 (6), S. 362–366. (jap. engl. Zusammenfass.).

Ivaščenko, D. A., Krotov, V. A., Talakin, O. G., Fuks, E. V.: Massenspektrometrische Methode zur Untersuchung der Gasdurchlässigkeit von Polymerfolien. Vysokomol. Soed. (Hochmol. Verbind.) Serie A 14 (1972) 9, S. 2109–2112.

Aoki, M., Kurosaki, K.: Anorganische Analyse in Hochpolymeren durch Funkenquellen-Massenspektrometrie. Kobunshi Kagaku, Tokyo (Chem. High Polymers) 29 (1972) 326 (6), S. 442–447 (jap.; engl. Zusammenfass.).

Irklej, V. M., Očkivskij, A. P., Rjabčenko, A. S., Nosov, M. P.: Elektronenmikroskopische Untersuchungen der Struktur von Regeneratcellulosefolien. Vysokomol. Soed. (Hochmol. Verbind.) Serie B: Kratkie Soobšč. (Kurzmitt.) 14 (1972) 9, S. 709–711.

Malinskij, Ju. M., Konstantinopol'skaja, M. B., Titova, N. M., Kargin, V. A.: Elektronenmikroskopische Untersuchungen der Kristallisation in dünnen Polymerschichten. Vysokomol. Soed. (Hochmol. Verbind.) Serie A 14 (1972) 8, S. 2048–2052.

Thorne, D. J., Marjoram, J. R.: Optische Eignschaften und Orientierung von wärmebehandelten Acrylfaserstoffen. J. appl. Polymer Sci. 16 (1972) 6, S. 1357–1366.

Bondarenko, V. S., Vol'f, L. A., Afanas'eva, G. N., Mamonova, E. T.: Bestimmung des Orientierungsgrades von Fäden mit Hilfe der Quellungsanisotropiemethode. Chim. Volokna (Chem. Fasern) (1972) 5, S. 21–23.

Thies, J., Schoenemann, K.: Die Anwendung der formalkinetischen Analyse zur Erzielung bestimmter Polymerstrukturen. Chemie-Ing.-Technik 44 (1972) 18,S. 1072–1077.

Hindeleh, A. M., Johnson, D. J.: Bestimmung der Kristallinität und der Kristallitgröße in Cellulosefasern. 1. Ramie und Fortisan. Polymer, London 13 (1972) 9, S. 423–430.

Ajnbinder, S. B., Alksne, K. I.: Einfluß der Reibung auf die Verteilung der Sphärolith-Strukturen im Polypropylen. Mech. Polimerov, Riga (Mech. der Polymeren) (1972) 4, S. 661–665.

Oi, N. Miyazaki, K., Moriguchi, K; Shimada, H.: Sequenzverteilung von Acrylnitrileinheiten in Acrylnitril-Styrol-Copolymeren. Kobunshi Kagaku, Tokyo (Chem. High Polymers) 29 (1972) 326 (6), S. 388–390. (jap.; engl. Zusammenfass.).

Ziabicki, A.: Kinetische Theorie der gleichzeitigen Kristallisation und der molekularen Orientierung von Polymeren. Polimery, Warszawa 17 (1972) 6, S. 301–306.

Perego, G., Melis, A., Cesari, M.: Die Kristallstruktur von Polypivalolacton. Makromol. Chemie 157 (1972) S. 269–278 (engl.).

Regel', V. R.; Leksovskij, A. M.: Slukker, A. I.; Tamuž, V. P.: Zerstörung und Ermüdung von Polymeren. Mech. Polimerov, Riga (Mech. der Polymeren) (1972) 4, S. 597–611.

Sakaoku, K., Peterlin, A.: Plastische Deformation von Polyamid-6-Einkristallen und dünnen Membranen. Makromol. Chemie 157 (1972) S. 131 bis 139 (engl.).

White, L. J., Ufford, R., C. Dharod, K. R., Price, R. L.: Experimentelle und theoretische Untersuchung der Extrusion von zweiphasigen geschmolzenen Polymersystemen. J. appl. Polymer Sci. 16 (1972) 6, S. 1313–1330.

Borisova, T. I., Čirkov, V. N.: Untersuchung der Beweglichkeit von Lösungsmittel-Molekülen in einer polymeren Matrix mit Hilfe der dielektrischen Relaxationsmethode. Vysokomol. Soed. (Hochmol. Verbind.) Serie A 14 (1972) 9, S. 1929–1935.

Račinskij, G. F., Maskimova, V. K.: Bestimmung des Temperaturbereiches für die Verarbeitung von Thermoplasten. Plast. Massy, Moskva (Plast. Massen) (1972) 7, S. 10–12.

Zlatev, V. B., Konkin, A. A., Djurnbaum, V. S.: Untersuchung des thermischen und des thermooxydativen Abbaues von Polyäthylenterephthalat bzw. seinen Copolykondensaten bei hohen Temperaturen. Chim. Volokna (Chem. Fasern) (1972) 5, S. 17–18.

Grečiškin, V. A., Perepečko, I. I.: Untersuchung von Polyäthylenterephthalatfolien mit Hilfe einer akustischen Methode. Mech. Polimerov, Riga (Mech. der Polymeren) (1972) 4, S. 759–761.

Rozin, I. T.; Charitonov, E. V.: Über die statistische Bestimmung der dielektrischen Durchlässigkeit von Dielektrika. Zavodsk. Labor., Moskva (Betriebslabor) 38 (1972) 7, S. 830–835.

Pohl, H. A., Wyhof, J. R., Hochdruckeinflüsse auf die Leitfähigkeit und die Dielektrizitätskonstante von leitfähigen organischen Polymeren. J. Polymer Sci., A-1: Polymer Chem. 10 (1972) 2, S. 387–398.

Bezuglyj, V. D., Štal', S. S., Dmitrieva, V. N., Kononenko, L. V.: Identifizierung von Plasten auf der Basis von Cellulose bzw. Celluloseestern und -äthern mit Hilfe der polarographischen Methode. Zavodsk. Labor., Moskva (Betriebslabor) 38 (1972) 9, S. 1067–1069.

Fijolka, P., Gnauk, R.; Schulz, G., Quantitative analytische Untersuchungen von Polyurethanen. Plaste u. Kautschuk 19 (1972) 10, S. 751–755.

Meites, L.: Theorie von Titrationskurven. VIII. Eine neue Interpretation der Säure-Basen-Tritationskurven für polymere Säuren. Die Bedeutung der Kern-Gleichungsparameter pKa und n. J. Polymer Sci., A-1: Polymer Chem. 10 (1972) 3, S. 779–790.

Hama, T., Suzuki, T.: Gelchromatographische Bestimmung der Molekularstruktur von Hochdruckpolyäthylen. Kobunshi Kagaku, Tokyo (Chem. High Polymers) 29 (1972) 326 (6), S. 377–383 (jap.; engl. Zusammenfass.)

Yamamoto, Y., Tsuge, S., Takeuchi, T.: Untersuchungen der Sequenzverteilung in Acrylnitril/Styrol- und Acrylnitril/Methylacrylat-Copolymeren mit Hilfe der Pyrolyse-Gaschromatographie. Kobunshi Kagaku, Tokyo (Chem. High Polymers) 29 (1972) 326 (6), S. 407–411 (jap.; engl. Zusammenfass.)

Philipp, B.: Stand und Entwicklungsrichtungen der Celluloseforschung. Mitteilungsbl. Chem. Ges. DDR 19 (1972) 8, S. 177–186.

Zabara, M. Ja.: Verteilung von Carbonylgruppen im Polyäthylen während der Alterung. Plast. Massy, Moskva (Plast. Massen) (1972) 7, S. 37–39.

Schneier, B.: Löslichkeitsparameter von zwei chlorierten Polyäthylenen. J. appl. Polymer Sci. 16 (1972) 6, S. 1515–1524.

Koršak, V. V., Vinogradova, S. V., Vygodskij, Ja. S., Geraščenko, Z. V., Luškina, N. I.: Untersuchung der hydrolytischen Beständigkeit einiger Polyimide. Vysokomol. Soed. (Hochmol. Verbind.) Serie A 14 (1972) 9, S. 1924–1928.

Pavljučenko, G. M.: Einfluß von Füllstoffen auf das Sorptionsverhalten von isotaktischem Polypropylen. Vysokomol. Soed. (Hochmol. Verbind.) Serie B: Kratkie Soobšč. (Kurzmitt.) 14 (1972) 9, S. 647–649.

Ščipačeva, N. A., Orlova, S. P., Čalych, A. E., Vasenin, R. M.: Über die Besonderheiten der Sorptionskinetik organischer Lösungsmittel durch kristalline Polymere. Vysokomol. Soed. (Hochmol. Verbind.) Serie A 14 (1972) 9, S. 2065–2071.

Beachell, H. C., Chang, I. L., Photochemischer Abbau von Urethan-Modellsystemen. J. Polymer Sci., A-1: Polymer Chem. 10 (1972) 2, S. 503–520.

Korsukov, V. E., Vettegren', V. I., Novak, I. I., Čmel', A.: Abbau von Polymermolekülen an der Spitze eines Längsrisses. Mech. Polimerov, Riga (Mech. der Polymeren) (1972) 4, S. 621–625.

Bacskai, R., Goodrich, J. E., Wilkes, J. B., Polymere von 3- und 4-Alkyl-1-olefinen. J. Polymer Sci., A-1: Polymer Chem. 10 (1972) 5, S. 1529–1532.

Physik und Chemie der Monomeren und Oligomeren

Beck, F.: Kathodische Dimenrisierung. Angew. Chemie 84 (1972) 17, S. 798 bis 819.

Höcker, H., Musch, R.: Über die Oligomerisierung von Cycloocten. Makromol. Chemie 157 (1972) S. 201–218.

Polymerisation

Tomono, T., Yao, T., Tsuchida, E.: Untersuchung von Polymerisationsmechanismen durch Endgruppenanalyse mit radioaktiven Isotopen. Kobunshi Kagaku, Tokyo (Chem. High Polymers) 29 (1972) 326 (6), S. 353–361 (jap.; engl. Zusammenfass.).

Ise, N., Takya, K., Hirohara, H.: Bemerkungen zur Veröffentlichung: „Über das Auftreten von Hydrolyse bei der im elektrischen Feld durchgeführten ionischen Polymerisation" von B. L. Funt u. a. Makromol. Chemie 157 (1972) S. 235–236 (engl.).

Dimonie, M., Vasilescu, D. S.: Graphisch-analytisches Verfahren zur Berechnung der integralen Zusammensetzung bei der binären Copolymerisation. I. Berechnungsgleichung. Materiale plast., Bucureşti 9 (1972) 5, S. 248–255.

Kabanov, V. Ja., Kazimirova, N. M., Čalych, A. E.: Untersuchung des Bildungsmechanismus der Oberflächen-Pfropfschicht bei der strahlungsinduzierten Pfropfung. Vysokomol. Soed. (Hochmol. Verbind.) Serie A 14 (1972) 9, S. 2042–2047.

Stille, J. K.: Polymerisation durch Cycloaddition. Nuova Chimica, Milano 48 (1972) 9, S. 31–37.

Fleischer, G., Keller, F.: Der Zusammenhang experimentell bestimmbarer Monomereigenschaften mit den Monomerreaktivitäten. Plaste u. Kautschuk 19 (1972) 10, S. 721–727.

Waters, J. A., Mortimer, G., A.: Untersuchung von $(\pi\text{-}C_5H_5)_2Ti(C_2H_5)$ und seiner höheren Homologen in löslichen Ziegler-Katalysatoren. J. Polymer Sci., A-1: Polymer Chem. 10 (1972) 3, S. 895–907.

Hayano, F., Komoto, H.: Aus Diimidazolid hergestellte Polyamide. J. Polymer Sci., A-1: Polymer Chem. 10 (1972) 4, S. 1263–1266.

Bukač, Z., Šebenda, J.: Alkalische Polymerisation von 6-Caprolactam. XLI. Anionische Thermolyse von N-2,2-substituierten 3-Oxoamiden. Coll. czechoslov. chem. Commun. 37 (1972) 8, S. 2714–2724

Bingham, F., Marvel, C. S.: Polyamide von 12-(β-Aminoäthyl)abietan-18-amin. J. Polymer Sci., A-1: Polymer Chem. 10 (1972) 2, S. 497–502.

Nagabhushanam, T., Santappa, M.: Durch Farbstoffe sensibilisierte Photopolymerisation von Vinylmonomeren in Gegenwart eines Ascorbinsäure-Natriumhydrogenorthophosphat-Komplexes. J. Polymer. Sci., A-1: Polymer Chem. 10 (1972) 5, S. 1511–1528.

Temin, S. C., Lifland, L.: Pfropfcopolymerisation von Vinylmonomeren mit Doppelbindungen enthaltenden, modifizierten Baumwollen. JEC Ind. engng. Chem./Product R & D 11 (1972) 3, S. 325–332.

Saha, S. K., Chaudhuri, A. K.: Einfluß von Aminen auf die durch Cerionen intiierte Polymerisation von Vinylmonomeren. II. Polymerisation von

Acrylnitril durch Cerionen in Gegenwart verschiedener substituierter Amine. J. Polymer Sci., A-1: Polymer Chem. **10** (1972) 3, S. 797–808.

Minoura, Y., Toshima, H.: Polymerisation von Vinylmonomeren mit Chlorsilanverbindungen und Metallhalogeniden. J. Polymer Sci., A-1: Polymer Chem. **10** (1972) 4, S. 1109–1122.

Panajotov, I. M., Raškov, I. B. (Schreibw. i. Orig.: Panayotov, I. M., Rashkov, I. B.): Durch Kalium-Graphit-Einschlußverbindungen initiierte anionische Polymerisation und Copolymerisation von Vinylmonomeren. J. Polymer Sci., A-1: Polymer Chem. **10** (1972) 4, S. 1267 bis 1270.

Akimoto, A., Yoshida, T.: Polymerisation von Vinylchlorid und Copolymerisation mit Propylen durch ein ternäres Katalysatorsystem. J. Polymer Sci., A-1: Polymer Chem. 10 (1972) 4, S. 993–1000.

Holmer, D. A., Pickett, O. A., jr., Saunders, J. H.: Schmelzpolykondensation von 4,4'-Diaminodiphenylmethan mit aliphatischen zweibasischen Säuren. J. Polymer Sci., A-1: Polymer Chem. **10** (1972) 5, S. 1547 bis 1552.

Miyama, H., Harumiya, N., Takeda, A.: Photopolymerisation von Acrylnitril in Dimethylsulfoxid. I. Initiierung durch 1,1'-Azodicylohexancarbonitril. II. Initiierung durch Azobisisobutyronitril oder Wasserstoffperoxid. J. Polymer Sci., A-1: Polymer Chem. **10** (1972) 5, S. 1543 bis 1546. 3, S. 943–946.

Fujii, S., Maeda, K.: Strahlungsinduzierte Copolymerisation von Vinylphosphonsäuredichlorid mit Methylmethacrylat und Styrol. J. appl. Polymer Sci. **16** (1972) 6, S. 1331–1338.

Cameron, G. G., Esslemont, G. F.: Wirkung des Lösungsmittels bei der radikalischen Copolymerisation von Styrol und Methacrylnitril. Polymer. London **13** (1972) 9, S. 435–438.

Ito, K.: Analyse der Polymerisationsgeschwindigkeiten bei der durch 2,2'-Azobis(2,4-dimethylvaleronitril) initiierten radikalischen Polymerisation von Styrol mit primärem Radikalabbruch. J. Polymer Sci., A-1: Polymer Chem. **10** (1972) 3, S. 931–936.

Cooper, G. D., Nennett, J. G., jr., Factor, A.: Herstellung und Eigenschaften von Copolymeren der Polyarylenoxide. Nuova Chimica, Milano **48** (1972) 9, S. 93–95.

Kardush, N., Stevens, M. P.: Synthese von Polyimiden durch Photoaddition von Bismaleinsäureimiden an Alkylbenzole. J. Polymer Sci., A-1: Polymer Chem. **10** (1972) 4, S. 1093–1096.

Bracke, W.: Aromatisierung von Polydiäthinylbenzol. J. Polymer Sci., A-1: Polymer Chem. **10** (1972) 4, S. 975–981.

Baysal. B. M., Short, W. T., Tobolsky, A. V.: Synthese und Charakterisierung einiger neuer polymerer Peroxycarbamate. J. Polymer Sci., A-1: Polymer Chem. **10** (1972) 3, S. 909–919.

Bingham, J. F., Marvel, C. S.: 12-Hydroxymethyltetrahydroabietanol enthaltende Polymere. J. Polymer Sci., A-1: Polymer Chem. **10** (1972) 2, S. 489–496.

Salamone, J. C., Snider, B., Israel, S. C., Taylor, P., Raia, D.: Synthese und Polymerisation von Vinylimidazolsalzen. Nuova Chimica, Milano **48** (1972) 9, S. 82–84.

Nakashima, T., Kunitake, T., Aso, Ch.: Synthese und Reaktionen von Ferrocen enthaltenden Polymeren V. Polymerisation von Athinylferrocen. Makromol. Chemie **157** (1972) S. 73–85

Krušinskaja, L. M., Javorovskaja, V. F, Jakovenko, T. T.: Herstellung einiger Polysulfamide durch Interphasen-Polykondensation. Vysokomol. Soed. (Hochmol. Verbind.) Serie A **14** (1972) 9, S. 2102–2105.

Vandenberg, E. J.: Aspekte der Mechanismus der ringöffnenden Polymerisation von Episulfiden im Vergleich zu Epoxiden. J. Polymer Sci., A-1: Polymer Chem. **10** (1972) 2, S. 329–354.

Hurley, S. A., Dutt, P. K., Marvel, C. S.: Neues wärmebeständiges Polymeres mit Graphitstruktur. J. Polymer Sci., A-1: Polymer Chem. **10** (1972) 4, S. 1243–1261.

II. Faserstoffe. Ausgangsstoffe usw.

Ein Faserbruchatlas.Teil 3. Teil 4. Textile Manuf. **99** (1972) 1167, S. 20–21; 1168. S. 26–27.

Naturfaserstoffe

Pflanzliche Faserstoffe

Bestimmung von Feinheit und Reifegrad bei Baumwollfasern. Textil-Praxis internat. **27** (1972) 8, S. 456.

Tierische Faserstoffe

Vasil'ev. M. P., Koteckij, V. V., Puchova, Z. I., Vol'f, L. A., Istranov, L. P.: Untersuchung der Ausfällung von Kollagen aus Lösungen. Chim. Volokna (Chem. Fasern) (1972) 5, S. 23–25.

Chemiefaserstoffe

Cellulose und Zellstoff

Nepenin, Ju. N., Tupicyna, E. A., Antonovskaja, T. N.: Einfluß organischer Reduktionsmittel auf die Zellstoffausbeute beim alkalischen Aufschluß mit Vorhydrolyse. Bumaž. Prom. (Papier-Ind.) (1972) 10, S. 6–7.

Kosaja, G. S., Košeleva, V. D.: Zum Sulfataufschluß von Zellstoff mit [Weiß]-Lauge nach der Kaltveredlung. Bumaž. Prom. (Papier-Ind.) (1972) 9, S. 3–4.

Cigvenceva, N. K., Maksimova, G. A.: Untersuchungsverfahren für das Verhalten von Zellstoff während der Alkalisierung. Chim. Volokna (Chem. Fasern) (1972) 5, S. 33–34.

Regeneratfaserstoffe

Geller, B. È., Chamraev, A. L.: Einfluß der Fadenbildungsbedingungen auf die physikalisch-mechanischen Eigenschaften von Fäden aus Carboxymethylcellulose. Chim. Volokna (Chem. Fasern) (1972) 5, S. 47–49.

Andreeva, L. E., Malinskij, R. A., Ejfer, I. Z., Akopjan, G. A., Finger, G. G.: Flotationsreinigung des Fällbades aus der Viskoseproduktion in Kolonnenapparaten. Chim. Volokna (Chem. Fasern) (1972) 5, S. 31–32.

Zaharia, C.: Neue Aspekte des Aufbaus von Polynosefasern. Ind. textila, Bucureşti **23** (1972) 8, S. 467–473.

Synthetische Faserstoffe

Thimm, J., Welfers, E.: Synthetische Fasern – Eigenschaften und Anwendungen. Umschau Wiss. Technik **72** (1972) 19, S. 621–627.

Vojnova, S., Dimitrov, D., Angelova, A., Minčeva, V., Petkov, A.: Untersuchung der thermischen und der thermooxydativen Beständigkeit von Jambolen (Polyäthylenterephthalat). Chim. Volokna (Chem. Fasern) (1972) 5, S. 25–27.

Übersicht über Polyamidseiden. Knitting Times **41** (1972) 18, S. 195–202.

Suda, Y., Morizane, H., Shirota, T.: Messung der Diffusion eines sauren Farbstoffes in gereckten Polyamid-6-Faserstoffen mit Hilfe der MSP-Methode. Kogyo Gijutsuin Sen'i Kogyo Shikensho Kenkyo Hokoku, Yokohama (Bull. Textile Res. Inst. jap. Government) (1972) 97(12), S. 13–19 (jap.; engl. Zusammenfass.).

Preston, J., Dewinter, W., Black, W. B.: Von Disäurechloriden mit vorformten Imidgruppen abgeleitete benzheterocyclische Imid- und Amidimidfaserstoffe. J. Polymer Sci., A-1: Polymer Chem. **10** (1972) 5, S. 1377 bis 1389.

Künstliche mineralische Faserstoffe

Stegink, W.: Glasfäden für die Kautschukindustrie. Kautschuk, Gummi, Kunststoffe **25** (1972) 9, S. 417–420 (engl.).

Reif, K.-A., Scheinpflug, E., Müller, H., Kux, F.; Grund, H., Herstellung und Eigenschaften metallisierter Fasern. Techn. Textilien **15** (1972) 3/4, S. 108–112.

Volkov, G. M., Knoroz, L. I.: Über die Periodizität der Eigenschaften von pyrolytischen Kohlenstoffäden. Dokl. Akad. Nauk SSSR (Ber. Akad. Wiss. UdSSR) **205** (1972) 6, S. 1382–1384.

III. Fäden-Herstellungstechnologien

Spinnerei. Zwirnerei

Spinnereivorbereitung

Katz, H. J., Plate, D. E. A., Wood, G. F.: Das Karbonisieren von Wollbändern. Textile Inst. Ind. **10** (1972) 9, S. 263–265.

Muzylev, L. T.: Bildung des Faserbartes an den Wollkämmaschinen. Izv. vysšich uč. Zav. Technol. tekstil. Prom. (Hochschulnachr. Technol. Textil-Ind.) (1972) 2, S. 34–39.

Spinnerei

Pillay, K. P. R.: Einfluß der Spinnsaalbedingungen. Teil 1. Textile Month (1972) 8, S. 42–44, 55.

Görlach, S., Gruoner, S.: Unkonventionelles Spinnverfahren sichert ökonomischen Fortschritt. Textilbetrieb **90** (1972) 9, S. 54–56.

Erzeugnisse der Spinnerei und Zwirnerei

Wegener, W., Vogt, H. J.: Beurteilung dicker Garnstellen. Textil-Praxis internat. **27** (1972) 7, S. 411–413.

Texturfäden

Neues Verfahren zum Texturieren von Fäden. Tekstil. Prom. Moskva (Textil-Ind.) **32** (1972) 7, S. 34–36.

Suchánek, J.: Hochbauschgarne aus Copolyesterstapelfasern, ihre Eigenschaften und Einsatzmöglichkeiten in der Maschenwarenindustrie. Inform. Přehled. Vyzkumny Ust. Pletařsky, Brno (Inform.-Übers. Wirkerei-Inst.) (1972) 1/2, S. 13–16.

Übersicht über Falschdraht-Texturiermaschinen. Knitting Times **41** (1972) 18, S. 179–187.

Gründig, K., Sonntag, E.: Kostensenkung durch Verringerung des Luftverbrauches beim Düsentexturieren. Dt. Textiltechnik **22** (1972) 9, S. 552 bis 554.

Kernmantelfäden

Arnold, R., Bartl, A.-M., Schwalbe, W.: KEMAFIL – ein neuartiger Faden – Verfahren und Vorrichtung zu seiner Herstellung. Techn. Textilien **15** (1972) 3/4, S. 88–92.

IV. Flächengebilde-Herstellungstechnologien

Kittelmann, W.: Forschung und Entwicklung auf dem Gebiet technischer Textilen. Techn. Textilien **15** (1972) 3/4, S. 68–70.

Materialvorbereitung

Melling, K. G.: Vollautomatisches Einziehen (von Webketten): Eine moderne Auffassung. I. Textile Inst. Ind. **10** (1972) 10, S. 297–299.

Liute, D.: Das Gesetz der Verschiebung der Schichten während des Schußspulens. Ind. textilă, Bucureşti **23** (1972) 7, S. 396–401.

Weberei

Dubinin, A. M., Vergilis, E. W.: Verwendung des Systems der automatischen Kontrolle und Steuerung in der Weberei. Tekstil. Prom., Moskva (Textil-Ind.) **32** (1972) 7, S. 36–37.

Polyolefine, die modernen Webmaterialien. Textil-Praxis internat. **27** (1972) 8, S. 457–459.

Greenwood, K.: Das Weben heute – schnellere Methoden für die modernen Stoffe. Textile J, Australia **47** (1972) 3, S. 44–48.

Zolotarevskij, L. T.: Analyse des Vorganges der Festigkeitsverminderung von Kettgarn auf der Webmaschine. Tekstil. Prom., Moskva (Textil-Ind.) **32** (1972) 5, S. 39–42.

Weberei-Techologie

van Gorp, P. J. M.: Webereimaschinen. Textil-Praxis internat. **27** (1972) 8, S. 469–470.

Körperanzüge, als „Schlüsselkomponente" für die Herbstmode benannt. Knitting Times **41** (1972) 22, S. 57.

Panfilova, L. A., Šalov, I. I.: Berechnung der Maschinendaten für die Erzeugung halbregulärer Damenwäsche. Tekstil. Prom., Moskva (Textil-Ind.) **32** (1972) 5, S. 44–46.

Wirkerei und Strickerei. Konfektion. Sonstige Technologien

Wirkerei- und Strickerei-Technologie

Wheatley, B.: Grundlegender Leitfaden über die Kettenwirkerei. Knitting Times **41** (1972) 18, S. 79–86.

Hoy, R. J., Saviano, I., Wilson, M., van Dyke, G.: Die künftige Mode in der Wirkerei und Strickerei. Knitting Times **41** (1972) 21, S. 60–63.

Erzeugnisse der Wirkerei und Strickerei

Starke, F.: Maschenwaren – wie lange noch Wachstumsindustrie? Chemiefasern/Textil-Ind. **22/74** (1972) 9, S. 756–757.

Das Jaquardgestrick auf Rundstrickmaschinen mit elektronischer Auswahl Ind. textile, Paris (1972) 1014, S. 595–599.

Garvey, T. F.: Orlon: seine gegenwärtige und künftige Rolle in gestrickter/gewirkter Oberbekleidung. Knitting Times **41** (1972) 21, S. 50–51.

Rieser, W.: Verarbeitung von Jersey für Oberbekleidung. Kann die störungsfreie Verarbeitung von Jerseystoffen durch Avivier- und sonstige Ausrüstungsvorgänge beeinflußt werden? Wirk.- u. Strick.-Technik **27** (1972) 9, S. 589–594.

Konfektion

Das Nähen von Kunstleder. Japan Textile News (1972) 209, S. 76–79.

Hearle, J. W. S., Purdy, A. T.: Faserbruch während des Durchstoßens von Nadeln. J. Textile Inst. **63** (1972) 8, S. 475–476.

Textilverbundstoffe

Faserverbundstoffe. Vliesstoffe

MALIMO ist mehr als ein Warenzeichen. Dt. Textiltechnik **22** (1972) 9, S. 538–539.

Fadenverbundstoffe

Neumann, G.: Betrachtungen zur Entwicklung der Nähwirktechnik. Chemiefasern/Textil-Ind. **22/74** (1972) 9, S. 760–765.

Geršojg, E. D., Mitčenko, V. R., Sivickaja, I. L.: Nähwirkvliesstoffe auf Polyacrylnitril/Texturgarn. Tekstil. Prom., Moskva (Textil-Ind.) **32** (1972) 5, S. 51–53.

Czechowicz, T., Polus, Z.: Trends in den Untersuchungen über die Optimalisierung des Prozesses zur Herstellung von Klebvliesstoffen. Przegl. włókienn. (Tectil-Rdsch.) **26** (1972) 6, S. 312–320.

Tichomirov, V.: Herstellung von Vliesstoffen aus Polyamidfasern ohne zusätzliche Bindemittel. Dt. Textiltechnik **22** (1972) 9, S. 563–565.

Über die Prüfung von Tufted-Teppichen. Magyar Textiltechn. **24** (1972) 8, S. 419–423.

Nähwirken: dritte Dimension in der Textilherstellung. Knitting Times **41** (1972) 18, S. 92–101.

Schichtstoffe

Horino, T., Shimonishi, S.: Viskoelastisches Verhalten von Teppichen. Experimentelle Analyse der das viskoelastische Verhalten beeinflussenden Faktoren. J. Textile Mach. Soc. Japan **18** (1972) 1, S. 21–29.

Affeldt, H., Hadrich, H.: Die Anwendung von Latex zur Beschichtung von Teppichrückseiten. Textilis, Gent **28** (1972) 9, S. 24–26.

V. Textilveredlung

Der Erfolg der Ausrüstung beginnt beim Stricken. Textile World **122** (1972) 8, S. 81, 85–86, 89.

Farbstoffe. Textilhilfsmittel

Übersicht über Farbstoffe für Nylonstrümpfe. Knitting Times **41** (1972) 1, S. 43–47.

Brockman, A. L. S.: Chemikalien für die Textilindustrie. Teil I. Teil III. Synthetische Fasern und die Auswahl von Chemikalien. Teil IV. Spezialchemikalien und ihre Verwendung. Textile J. Australia **47** (1972) 1, S. 20–23; 3, S. 30–31; 4, S. 27–28, 30, 32.

Heißschmelzkleber für die Frontfixierung. Textilbeschichtung für die Gewebeversiegelung. Textilbetrieb **90** (1972) 9, S. 94–98.

Bleicherei. Sonstige Verhandlungsarbeiten der Textilveredlung

Zur Bestimmung der Bleichintensität. Reiniger + Wäscher **25** (1972) 9, S. 47.

Duckworth, C., Horsley, J. V., Thwaites, J. J.: Die Vaporloc-Breitbehandlungs-Druckreaktionskammer. J. Soc. Dyers Colourists **88** (1972) 8, S. 281–285.

Shipman, A.: Die Behandlung im Lösungsmittelmilieu nach dem MARKAL-Verfahren von I. C. I. Ind. textile, Paris (1972) 1014, S. 605–610.

Shensi, V. A., Mulla, A. H.: Bewertung kationischer Weichmacher. Internat. Dyer, Textile Printer, Bleacher, Finisher **148** (1972) 3, S. 151–152, 154–155.

Färberei

Harwood, R. J., McGregor R., Peters, R. H.: Adsorption von kationischen Farbstoffen durch Acrylfilme. II. Färbekinetik. J. Soc. Dyers Colourists **88** (1972) 8, S. 288–292.

Sievenpiper, F.: Lösungsmittelfärberei: Aussicht und Preis. Amer. Dyestuff Rep. **61** (1972) 5, S. 48, 50–51.

Wawrzyniak, A. W.: Über die Möglichkeit des Färbens von Cellulosefaser-Erzeugnissen mit reaktiven Azofarbstoffen, die auf der Faser gebildet werden. Przegl. włókienn. (Textil-Rdsch.) **26** (1972) 6, S. 337–347.

Vidrevič, L. L., Rosinskaja, C. Ja., Belen'kin, L. I.: Auswahl der optimalen Werte der Färbeprozesse von Baumwollgarnen in den Färbeapparaten periodischer Wirkung. Izv. vyssich uč. Zav. Technol. tekstil. Prom. (Hochschulnachr. Technol. Textil-Ind.) (1972) 2, S. 80–83.

Druckerei

Fortschritt auf dem Gebiet der Technologie des Rotationsfilmdrucks. Internat. Dyer, Textile Printer, Bleacher, Finisher **148** (1972) 2, S. 91–94.

Das Bedrucken von Maschenstoffen. Mit Jerseydruck am Drücker. Textilbetrieb **90** (1972) 9, S. 84–87 (dt., engl.).

Ausrüstung. Trocknung

Borkitt, F. H., Heap, S. A.: Fixierung von Baumwollgeweben. Amer. Dyestuff Rep. **61** (1972) 6, S. 58–59, 61, 64, 66.

Feldtman, H. D., Fleischfresser, B. E.: Der Einfluß des Gehaltes und der Aufnahme von Thiolgruppen auf die Fixier- und Entfixierungs-Geschwindigkeit der Wolle. Textile Inst. Ind. **10** (1972) 9, S. 255–257.

Jung, H. Z., Benerito, R. R., Gonzales, E. J., Berni, R. J.: Gewebeeigenschaften von Baumwollen, die vor und nach der Harnstoff-Phosphorsäure-Hydrolyse mit methyliertem Methylolmelamin modifiziert wurden. Teil II. Amer. Dyestuff Rep. **61** (1972) 5, S. 56, 58, 60–61.

Berni, R. J., Gonzales, E. J., Jung, H. Z.: Geschwindigkeit und Mechanismen von Reaktionen zwischen Baumwolle und N-methylolierten Verbindungen. Amer. Dyestuff Rep. **61** (1972) 4, S. 44, 46, 48–49, 51.

Gherzi, M., Hofer, R.: Anlage zur vollautomatischen Herstellung von Latex-Mischungen. Chemiefasern/Textilind. **22/74** (1972) 9, S. 786–789.

Harper, R. J., jr., Bruno, J. S.: Die Vernetzung von Geweben aus Fasermischungen. Textile Res. J. **42** (1972) 7, S. 433–436.

Wäscherei. Chemische Reinigung

Miskiewicz, J.: Veränderung der Maße von Baumwollgeweben nach der Wäsche. Technik włókienn. (Textiltechn.) **21** (1972) 7, S. 231–236.

Oldenroth, O.: Bestimmung des Suspensionsvermögens von waschaktiven Substanzen und Aufbaustoffen. Tenside, München **9** (1972) 3, S. 122–124.

Tagge, J.: Wie kann man die Kosten in der Bügelei senken? Reiniger + Wäscher **25** (1972) 10, S. 37–38.

Hasenclever, K. D.: Reinigungsverfahren ohne Wasserzusätze. Reiniger + Wäscher **25** (1972) 10, S. 27–28.

VI. Werkstoffprüfung. Meß- und Prüftechnik. Standardisierung

Kretschmer, A.: Auswertung von Luft-Durchströmungsversuchen an flächigem Textilgut mit der (neuen) textilspezifischen Durchströmungsgleichung. Textil-Praxis internat. **27** (1972) 8, S. 490–492.

Eigenschaften und Fehler der Textilmaterialien u. a.

Hirai, T., Fujiwara, Sh., Otsuki, Sh., Maegawa, N.: Statische Eigenschaften von Kunststoffen, die durch Kombination verschiedener Glasstoffarten verstärkt wurden. J. Textile Mach. Soc. Japan **18** (1972) 1, S. 1–9.

Steiger, F. H., Kapur, Ch.: Die Flüssigkeitsabsorption durch komprimierte Fasersysteme. Textile Res. J. **42** (1972) 8, S. 443–449.

Kosova, R. A.: Untersuchung der Nadelfilzfestigkeit. Tekstil. Prom., Moskva (Textil-Ind.) **32** (1972) 5, S. 53–55.

Kirjuchin, S. M.: Beurteilung der Verbesserung der Festigkeitsdaten von Testilien vom Standpunkt der Zuverlässigkeitstheorie. Tekstil. Prom., Moskva (Textil-Ind.) **32** (1972) 5, S. 67–69.

Bernstein, U.: Untersuchung von Gebrauchsverhalten und Lebensdauer an Oberhemden – ein Beispiel aus der praktischen Textilerprobung. Dt. Textiltechnik **22** (1972) 9, S. 565–569.

Schwertassek, K.: Schädigungen von Textilien aus Polyamid 6 beim Fixieren infolge Monomere. Textil, Praha **27** (1972) 9, S. 301–304.

Cegarra, J., Ribe, J., Miro, P.: Anwendung von 2,4-Dihydroxybenzophenon-2'-ammoniumsulfonat zur Vermeidung des Vergilbens von Wolle durch UV-Strahlung. J. Soc. Dyers Colourists **88** (1972) 8, S. 293–296.

Meß- und Prüftechnik

Verschraege, L.: Eine neue Bewertung für Baumwolle: Die Empfindlichkeit gegenüber chemischer Behandlung (C.R.). Textilis, Gent **28** (1972) 9, S. 21–23.

Hochman, V.: Möglichkeiten der mikroskopischen Fixiergradbestimmung von Polypropylenfaserstoffen. Inform. Přehled. Výzkumný Úst. Pletařský, Brno (Inform.-Übers. Wirkerei-Inst.) (1972) 1/2, S. 57–71.

Ivan, G., Ganea, M.: Herstellung und Anwendung von Repliken bei elektronenmikroskopischen Untersuchungen von Elastomeren und Vulkanisaten. Materiale plast., Bucureşti **9** (1972) 6, S. 333–342.

Samson, A.: Der Flüssigkeitsstrom aus einer Düse durch eine zusammendrückbare poröse Schicht. Teil II. Die Auswirkung einer einfach gekrümmten Düse mit freier Turbulenz auf eine ebene undurchlässige Oberfläche. J. Textile Inst. **63** (1972) 9, S. 502–514.

Wyatt, B. G.: Statistische Prüfung von „Color-Eye"-Reflexionsmessungen an Rohbaumwolle. Textil Res. J. **42** (1972) 8, S. 474–476.

Nordon, P., Bainbridge, N. W.: Wärme- und Feuchteaustausch in einem Wollbett: Gleichgewichtstheorie im hygroskopischen Bereich. J. Textile Inst. **63** (1972) 8, S. 429–441.

Królikowski, W., Benecki, W., Nowaczek, W., Izbicka, J.: Untersuchungen über die Adhäsion von Glasfasern und Harz. Przegl. włókienn. (Textil-Rdsch.) **26** (1972) 6, S. 297–300.

Kusch, P., Böhm, G.: Der Einfluß einer thermischen Behandlung von Polyesterfasern auf die Wanderungsfähigkeit der Oligomeren. Textil-Praxis internat. **27** (1972) 8, S. 485–487.

Kratzsch, E.: Chemiefasern der zweiten Generation. Chemiefasern/ Textil-ind. **22/74** (1972) 9, S. 781–782.

Morris, M. A., Schutz, H. G., Prato, H. H.: Der Einfluß individueller Unterschiede auf das Tragen von Bekleidung und die Bestimmung der Trageeigenschaften. Textile Res. J. **42** (1972) 8, S. 468–471.

Standardisierung. Terminologie

Terminologie der Einfaden-(Kulier-)Maschenwaren. Wirk.- u. Strick.-Technik **27** (1972) 9, S. 579–588.

Das Textil-Kennzeichnungs-Gesetz (TKG). Bekleid. u. Wäsche **24** (1972) 15, S. 1124, 1126, 1128, 1135–1136, 1138

VII. Betriebstechnik. Ökonomie. Tagungsberichte und dgl.. Sonderfragen

Betriebstechnik

Emödi, P.: Über den Einsatz der Rechentechnik in der Textil- und Bekleidungsindustrie. Magyar Textiltechn. **24** (1972) 9, S. 481–484.

Brosch, A.: Automatisierung von Färbereien. Die Basis sind die Meßwerte. Textilbetrieb **90** (1972) 9, S. 74–80 (dt., engl.).

Zahid, M. A., Halligan, J. E., Johnson, R. F.: Ölschlickentfernung mit Hilfe von Matrizen aus Polypropylenfäden. IEC. Ind. engng. Chem./Proc. Design Development **11** (1972) 4, S. 550–555.

Rodman, C. A., Shunney, E. L.: Sauberes klares Abwasser. Textile Manuf. **99** (1972) 1166, S. 49, 53–56.

Glover, R. M.: Die Anwendung von Hohlfasern in der Entsalzung von Brackwasser. Textile Inst. Ind. **10** (1972) 9, S. 257–259.

Ökonomie

Woodward, R. H.: Qualitätskontrolle während der Chemiefaserstoff-Herstellung. Textile Inst. Ind. **10** (1972) 10, S. 294–296.

György, I.: Probleme der Strukturänderung und Sortimentserweiterung in der ungarischen Textilindustrie aus technischer und wirtschaftlicher Sicht. Magyar Textiltechn. **24** (1972) 9, S. 475–479.

Holze, B.: Textiltechnologien der Zukunft. Bekleid. u. Maschenware **11** (1972) 3, S. 101–104.

Nevrkla, Č.: Die Textil- und Trikotagenindustrie auf dem Weg der sozialistischen ökonomischen Integration im Rahmen des RGW. Textil, Praha **27** (1972) 8, S. 249–251.

Sonderfragen

Wir informieren uns bei der VVB Deko, Plauen: Wie wird einheitlich die Abrechnung des sozialistischen Wettbewerbs und der Haushaltbücher gelöst? Dt. Textiltechnik **22** (1972) 9, S. 545–547.

Jehmlich, G., Hummel, R., Kundorf, W. Z.: Das PENTAKTA-System. Technik **27** (1972) 10, S. 632–636; 11, S. 694–699.

Diez, W.: Zielsetzung und Ergebnisbewertung bei der betrieblichen Ausbildung. Ind. Organis., Zürich **41** (1972) 7, S. 301–304.

Schumann, W.: Chemiefaserstoffe und der Prozeß der Emanzipierung der Gesellschaft. Textilia, Milano **48** (1972) 9, S. 101–104.

Chemische Thermodynamik

Von Dr. WOLFGANG WAGNER

3., verbesserte Auflage
1973. 190 Seiten · 21 Abbildungen
2 Tabellen · 8° · M 8,—
Bestell-Nr. 7600433 (7006)

Der Autor behandelt in diesem Buch in gedrängter Übersicht das Gesamtgebiet der klassischen chemischen Thermodynamik in bezug auf die theoretischen Grundlagen und die praktische Anwendung. Er gibt Hinweise auf Teilgebiete, wie beispielsweise die statistische Thermodynamik.

Pharmazeutische Chemie

Von Prof. Dr. GÜNTHER WAGNER
und Dr. HANS KÜHMSTEDT

3., verbesserte Auflage
1970. 289 Seiten · 8° · M 8,—
Bestell-Nr. 7600054 (7007)

Trotz der durch die gebotene Kürze bedingten Beschränkung auf die für eine moderne Therapie wesentlichsten Arzneimittel wurde in diesem Band auf eine einfache Aufzählung verzichtet. Der Stoff wurde, um die Entwicklung des Arzneischatzes zusammenhängend darstellen zu können, nach pharmakologischen Gesichtspunkten gegliedert. Bei den wichtigsten Arzneimitteln — meist synthetische organische Verbindungen oder Naturstoffe — wird nicht nur auf die chemische Struktur und die Wirkung, sondern auch auf die Möglichkeiten der synthetischen Darstellung bzw. Isolierung, der Analytik und der Stabilität eingegangen.

THEORIA CUM PRAXI

AKADEMIE · VERLAG · BERLIN

Quantitative organische Mikroanalyse

Von Dr. JOACHIM RIEMER

1966. 130 Seiten · 36 Abbildungen · 8° · M 8,—
Bestell-Nr. 7600249 (7029)

Die quantitative organische Mikroanalyse wird gegenwärtig als substanz- und zeitsparende Analysenmethode in vielen Zweigen der organischen Chemie angewendet. Der vorliegende Band gibt einen ersten Einblick in ein wichtiges Spezialgebiet der organischen Chemie.
Der Leser wird nicht nur mit den bekanntesten Analysenverfahren vertraut gemacht, sondern er lernt auch die mikroanalytische Arbeitsweise kennen. Trotz der notwendigen Kürze ist das Taschenbuch die Grundlage für ein tieferes Studium der quantitativen organischen Mikroanalyse und wird sowohl für Hoch- und Fachschul-Studenten als auch für Praktiker eine handliche Informationsquelle sein.

THEORIA CUM PRAXI

AKADEMIE · VERLAG · BERLIN

FSC
www.fsc.org
MIX
Papier | Fördert gute Waldnutzung
FSC® C083411

Zeitfracht Medien GmbH
Ferdinand-Jühlke-Straße 7
99095 Erfurt, Deutschland
produktsicherheit@kolibri360.de